THE
SWEET
SEASON

여윤형

'클레어 파티시에' 오너 셰프.
국내 다양한 파티세리와 레스토랑, 해외 경험을 통해 넓힌 견문으로
자신만의 독특한 스타일의 계절 디저트를 선보이고 있다.

◎ @clair.patissier

THE SWEET SEASON
클 레 어 파 티 시 에 의 계 절 디 저 트

초판 1쇄 인쇄   2024년 08월 7일
초판 1쇄 발행   2024년 08월 22일

지은이 여윤형 | **펴낸이** 박윤선 | **발행처** (주)더테이블

기획·편집 박윤선 | **교정·교열** 김영란 | **디자인** 김보라 | **사진·영상** 조원석 | **스타일링** 이화영
영업·마케팅 김남권, 조용훈, 문성빈 | **경영지원** 김효선, 이정민

주소 경기도 부천시 조마루로385번길 122 삼보테크노타워 2002호
홈페이지 www.icoxpublish.com | **쇼핑몰** www.baek2.kr (백두도서쇼핑몰) | **인스타그램** @thetable_book
이메일 thetable_book@naver.com | **전화** 032) 674-5685 | **팩스** 032) 676-5685
등록 2022년 8월 4일 제 386-2022-000050 호 | **ISBN** 979-11-92855-13-4 (13590)

• 이 책에서 표기한 외래어는 국립국어원이 정한 외래어 표기법에 따르나, 일부 단어는 실제 발음에 가깝게 표기하였습니다.

THE SWEET SEASON

SPRING · SUMMER · AUTUMN · WINTER

클레어 파티시에의 계절 디저트

여윤형 지음

더 테이블
THE:TABLE

저자의 말

제과 업계에서 일한 지 10년이 되는 해에 첫 가게를 열었다. 가게를 운영하는 일은 그동안 주방 안에서만 일할 때와는 달리, 다양한 시선으로 바라보고 생각해야 하는 부분이 많았다. 예쁘고 맛있는 디저트는 기본이 된 시대. 내 제품이 그 안에서도 특별하게 느껴질 수 있는 다양한 방법을 생각해야 했다.

'클레어 파티시에'에서는 내가 제품을 만들 때 중요하게 생각하는 '계절감'을 중심으로 나만의 제품을 만들어 나갔고, 그 제품에 담긴 이야기를 함께 소개했다. 이러한 노력들이 쌓여 클레어 파티시에를 알리는 데에 많은 영향을 주었다. 그리고 이런 나의 이야기를 디저트로 녹여내 사람들의 공감을 이끌어 내는 일은, 이 일을 지속하게 하는 강한 원동력이 되었다.

이 책에서는 '클레어 파티시에'를 운영하며 노력한 다양한 시도와 그 기록들, 제품 하나하나의 이야기와 레시피가 담겨 있다. 그리고 이 책을 읽는 독자들이 나의 기록을 통해 스스로의 제품을 만들어나가는 데 도움을 받았으면 하는 마음을 담았다.

부캐, N잡러 등 다양한 모습으로 살아가는 청년들이 주목받는 시대에, 어린 시절부터 단 하나의 직업만을 꿈꾸며 살아온 내가 조금 재미없는 사람으로 느껴졌었다. 그러나 이 책을 쓰며 바라보니, 그동안 만들어온 나의 제품 안에 다양한 나의 모습들이 담겨 있었다. 하나의 제품 안에는 그 제품을 만들 때의 나의 관심사와 그동안의 경험이 녹아 있다. 나에게 베이킹은 직업의 수단을 넘어 내 삶에 가장 밀접하게 닿아 있는 부분이기도 하다. 가게를 운영하는 일이 때로는 고되고 막막하기도 하지만 디저트를 사랑하는 마음을 간직하고 즐겁게 베이킹 생활을 지속하고 싶다.

끝으로 이 책을 펴낼 수 있도록 손을 내밀어 주신 더테이블 박윤선 대표님과 어린 시절부터 나에게 가장 큰 응원을 보내준 사랑하는 가족들, 클레어 파티시에 운영에 있어 가장 큰 버팀목이 되어 준 남편 태현에게 감사의 마음을 전한다.

2024년 8월, 저자 **여윤형**

PROLOGUE

2021년 가을, 아직은 코로나가 사라지지 않은 가을날. 일산 백석동의 조용한 주택가에 '클레어 파티시에'를 열었다. 파티시에라는 직업을 시작하고 11년 만의 일이었다. 제과점을 뜻하는 '파티세리'가 아닌, 제과사를 뜻하는 '파티시에'를 상호로 정한 것은 호주 근무 시절 사용하던 나의 이름을 넣어 클레어라는 파티시에가 하고 싶고, 보여줄 수 있는 제품을 마음껏 만들고 싶었기 때문이었다.

초등학생 시절 우연히 중고서점에서 집어 든 베이킹 서적을 보며 집에서 베이킹을 하던 나는 중학생이 되어 파티시에의 꿈을 키우려 조리과학 고등학교에 가길 희망했지만, 요리사라는 직업은 여자에게 힘들고 박한 직업이라는 부모님의 반대로 무산되었다. 부모님의 만류와 그 당시 화제였던 <Hell's Kitchen>이라는 요리사들의 서바이벌 프로그램을 보며, 소극적인 나는 이런 치열한 직업을 갖지 못할 것으로 생각했다.

그러다 고등학생이 되고 진로를 고민할 때쯤, 다시 한번 베이킹에 대한 꿈이 떠올랐고 부모님을 설득해 제과제빵 학원을 등록했다. 아무런 기초지식 없이 해오던 베이킹을 체계적으로 배우니 점점 더 깊게 베이킹에 빠져들었다. 그렇게 제과제빵과로 대학까지 진학한 후, 졸업도 하기 전에 시작한 현장 경험은 처음부터 디저트로 향해 있었다. 대학에서 배운 다양한 분야의 베이킹 중에서 가장 나의 마음을 사로잡은 것들은 아름다운 비주얼의 프티 갸또들이었다. 하지만 당시 프티 갸또를 판매하는 제과점이 별로 없고 정보도 많지 않았다. 그래서 현장 경험을 시작하면서부터 내 마음속에는 30대가 되기 전 최대한 다양한 분야의 업장에서 직접 부딪혀 경험하고, '내가 정말 잘하고 원하는 길을 찾아보자'라는 마음가짐으로 여러 업장에서 일을 시작했다.

파스티아주 수업 시간

대학 시절 실습실

"제1회 '살롱 드 쇼콜라'에 부스로 참여해 특별한 경험을 했다."

'제이브라운'의 주력 상품이었던 봉봉

가장 먼저 일했던 곳은 '제이브라운'이라는 국내 쇼콜라티에 1세대인 정영택 셰프님의 수제 초콜릿, 마카롱 생산 업체였다. 이곳에서 대량 제품 생산 기술과 박람회 참여 등 다양한 경험을 했다. 1년 반가량의 값진 경험을 마치고, 예전부터 동경하던 플레이팅 디저트 분야를 경험하고 싶어 퇴사를 선택했다.

퇴사 후 '메종 드 라 카테고리'라는 프렌치 브라세리의 디저트 파트로 입사했다. 이곳에서는 제과뿐만 아니라 요리하는 분들과 마주칠 일이 많았는데, 그로 인해 식재료에 대한 다양한 경험을 쌓을 수 있었고 플레이팅 디저트를 완벽하게 구사하려면 그동안 내가 주로 해왔던 조리법이 아닌 글라세와 초콜릿 작업 등 폭넓은 기술을 익혀야 한다는 걸 깨달았다. 이 과정에서 매일매일 새로운 기법들과 식재료를 마주하며 정말 즐겁게 일할 수 있었다. 그리고 나에게 생긴 또 다른 변화는 외국을 경험하고 싶다는 생각이 생겼던 점이었다. 함께 일한 선배 동료들 중 해외에서 배우고 경험한 분들이 많았는데, 그들을 통해 해외 경험이 나에게 더 넓은 시야를 만들어줄 것을 기대하게 되었고, 호주로 떠나는 계기가 되었다.

다양한 초콜릿을 믹스한 디저트 디시

카시스를 이용한 디저트 디시

"이곳에서 2년이 넘는 시간 동안 많이 배우고 성장했다."

호주에서의 1년은 치열했다. 떠나기 전 6개월가량 영어 회화 학원을 매일같이 다녔지만, 원어민들과 치열한 주방에서 함께 일하는 것은 외롭고 힘들었다. 호주 생활에 적응하기까지 3~4개월이 지난 후, 어느 정도 일이 익숙해지고 원래 일하던 프렌치 레스토랑뿐만 아니라 프렌치 디저트 샵을 투 잡으로 일하기 시작했다. 원래 일하던 레스토랑 셰프의 추천으로 일하게 된 프렌치 디저트 샵은 도시 외곽의 작은 샵이었는데, 프랑스에서 플로리스트로 일하던 오너가 호주로 넘어와 오픈한 매장이었다. 이 매장은 한적한 동네에 위치해 오가는 주민들의 사랑방 같은 공간이었는데, 출근하면 그날그날 오너가 하고 싶은 메뉴를 알려주고 그 메뉴를 판매하는 식이었다. 대부분의 제품은 오너가 어렸을 때부터 먹어온 부모님의 레시피라든지 본인의 추억이 담긴 메뉴들이었다. 어느 때는 버섯을 따왔다며 버섯이 잔뜩 들어간 키시(Quiche)를 만들어 팔고, 어느 때는 싱싱한 레몬을 구했다며 레몬이 주렁주렁 달린 나뭇가지를 들고 와 레몬 타르트를 만들어 냈다. 손님들은 이런 그녀의 제품들을 사랑했고, 매일매일 오는 손님들도 많았다. 이 업장에서 일하며 언젠가 나의 매장을 갖게 된다면 이렇게 소박하지만 내 취향이 담긴 제품을 파는 공간을 꾸리고 싶다고 생각했다.

호주에서 함께 일했던 동료들과

'사운즈 한남'에서 개발했던 제품들

호주 생활이 끝나고 한국으로 돌아와 한남동의 '사운즈 한남'이라는 공간에서 디저트 파트를 맡게 되었다. 이곳은 4개의 식음료 매장뿐만 아니라 레지던스, 쇼핑, 갤러리, 서점 등이 모여 있는 복합 문화 공간이었다. 4곳의 식음료 매장에 들어가는 디저트 메뉴를 각 업장의 캐릭터에 맞게 제작하고, 각종 브랜드의 케이터링을 진행했다. 항상 셰프가 정해주는 메뉴를 생산하던 내가 처음으로 내가 직접 제작한 제품을 판매하고 손님들에게 선보이는 좋은 시간이었다. 이 과정에서 스펙트럼 넓은 제품들을 제작할 수 있어서 스스로에게 좋은 영양분이 되었다고 생각한다.

사운즈 한남에서 바쁜 업무를 치르던 중, 서교동의 '요호'라는 또 다른 복합 문화 공간의 베이커리 책임자로 제안이 들어왔다. 공간의 설계부터 팀원을 꾸리고 업장의 성격을 결정하는 아주 초기 단계부터 투입되는 자리였다. 파티시에로서 제품뿐만 아니라 더 폭넓은 고민이 필요한 자리라 고민했지만, 또 다른 경험을 할 수 있을 것으로 생각해 이직을 결정했다. 하지만 새로운 공간을 꾸리고 모든 것이 준비되어 그랜드 오픈을 기다리는 시점에 코로나가 찾아왔다. 금세 코로나 상황이 나아지리라 기대했지만 상황은 점점 더 악화되었다.

'요호'에서 제작한 다양한 구움과자

'요호'에서 제작한 디저트

2020년 크리스마스 케이크

그랜드 오픈 준비 기간 중 판매했던
2019년도 크리스마스 케이크

좋지 않은 상황 속에서도 긍정적인 팀원들과 함께 힘을 모아 다양한 시도를 했지만 2년을 채 버티지 못하고 문을 닫게 되었다. 처음 겪어보는 상황에서 그동안 쌓아 왔던 나의 생각들이 많이 바뀌게 되었다. 그동안 내 공간을 내 힘으로 꾸리는 일은 두렵고 막연하게만 느껴졌는데, 막상 간접적으로나마 공간을 꾸리고 브랜드를 만들어보니 생각보다 이런 작업이 즐거웠다. 그러나 외부 요인으로 인해 더 이상 내 능력을 온 힘으로 펼칠 수 없는 상황이 답답하게 느껴졌다. 파티시에를 시작하고 11년째 되던 해, 처음으로 긴 공백이 생겼다. 내가 진짜 원하는 길을 결정해야 할 30대가 된 시기였다. 평소 같았으면 조급한 마음에 얼른 다음 직장을 구했을 테지만, 이번에는 조금 더 신중해지고 싶었다. 그래서 그동안 배우고 싶었던 초콜릿 클래스를 듣기도 하고, 개인 SNS를 통해 그동안 내가 해왔던 작업물을 공유하며 파티시에 '클레어'를 세상에 알리고자 하는 노력을 시작했다.

"팝업 메뉴는 접시부터 제품의 모티브가 느껴지도록 준비했다."

실제 실타래와 함께 촬영했던 실타래 모양의 디저트

단추 모양 초콜릿으로 포인트를 준 구움과자

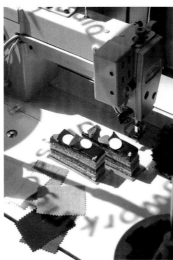

실제 러플과 미싱을 구해 촬영한 러플, 퀼트 디저트 사진들

그러던 중 예비 창업자들을 위해 공간을 대여해주고, 한 달 동안 본인의 브랜드로 팝업 매장을 운영할 수 있는 곳을 알게 되었다. 회사의 그늘이나 도움을 받을 수 있는 선후배도 없이 오로지 혼자서 해 나가야 하는 곳이었다. 이 공간에서 내 능력을 시험하고 싶었다. 입점 신청을 마치고 팝업 시작일까지 3주간의 시간이 있었다. 먼저 어떤 콘셉트의 매장을 운영할지 결정했다. 이 공간은 창신동에 위치한 봉제인들을 위한 공유 오피스 같은 건물에 위치한 매장이었는데, 봉제 산업의 역사가 담겨 있는 창신동과 봉제인들이 모여 있는 이 공간의 캐릭터를 살리고 싶다는 생각이 들었다. 창신동에 위치한 '이음피움 봉제 역사관'과 동대문종합시장을 돌아보며 봉제에 관한 공부와 모티브가 될 수 있는 아이템을 찾았다. 퀼트, 실타래, 러플을 메인 아이템으로 시침 핀과 단추를 모티브로 한 웰컴 디저트도 준비했다. 처음으로 나를 소개할 브랜드 네이밍을 했고, 이때 내가 가장 소망했던 '클레어라는 파티시에를 다양한 방식으로 소개하고 싶다.'라는 마음을 담아 '클레어 파티시에'라는 브랜드 이름으로 팝업을 시작했다.

팝업은 기대 이상으로 성공적이었다. 손님들과 직접 만나고 제품에 관해 설명하는 일은 즐거웠다. 그리고 내가 메뉴를 구상하며 했던 노력을 손님들이 공감해 주고 응원해 주는 일이 감사했다. 팝업 기간이 마무리될 즈음, 오프라인과 온라인에서 예상치 못한 질문들이 들어왔다.

"팝업이 끝나면 어떤 매장을 오픈하실 건가요?"

예비 창업자를 위한 공간이다 보니, 손님들은 당연하게도 나의 다음 거처를 물어보셨다. 스스로에게도 같은 질문을 했다. '나는 이제 어떤 길을 가야 할까?' 내 능력을 시험해 보고 싶어 시작한 팝업이 생각보다 나에게 큰 기쁨과 원동력이 되었다. 외부적인 요소를 신경 쓰지 않고 진짜로 내가 원하는, 내가 전하고 싶은 가치를 담은 제품을 만드는 일을 계속하고 싶었다.

"매장을 오픈하고 많은 축하를 받았다."

팝업이 마무리되고 가벼운 마음으로 부동산을 둘러보았다. 창업 시 가장 먼저 고려할 만한 번화가 위주로 돌아보았는데, 그 당시 아직 코로나가 끝나지 않은 상황이었기에 공실도 많고 선택지가 많았다. 공간을 둘러보며 '이렇게 유행의 변화가 빠르고 많은 가게가 생기고 사라지는 곳은 나와 맞지 않는다.'는 생각이 들었다.

트렌드를 쫓기보다는 내 색깔이 담긴 제품을 만들고 싶었고, 좀 더 변화가 적고 차분한 곳이었으면 했다. 현재 '클레어 파티시에'가 위치한 일산 백석동의 조용한 주택가는 이런 나의 기준에 적합했다. 베이킹 클래스를 운영하시던 분이 사용하시던 공간이었기에 인테리어를 하는 데에도 부담이 적었다. 그렇게 덜컥 계약을 마치고 클레어 파티시에의 첫 제품을 준비했다.

나는 평소에 제품을 구상할 때 계절감을 가장 중요하게 생각하는 편이다. 계절감이란 제철 식재료를 사용하는 것뿐만 아니라, 계절에 맞는 입맛이 달라진다고 생각하기 때문에 여름엔 더 산뜻하고 가벼운 맛 위주로, 겨울에는 풍미가 진하고 캐릭터가 강한 맛을 주로 사용하는 편이다. 그 때문에 이런 의도를 전달하고자 매장의 콘셉트를 '계절마다 달라지는 특별한 디저트가 가득한 파티세리'로 정했다. 처음 매장을 오픈하고 나서 방문하신 주민분들은 '프티 갸또'에 대해 낯설어 하셨다. 차분히 설명을 해드리고 싶지만, 현실적으로 한 분 한 분 시간을 들여서 설명해 드리는 것은 손님이 몰리는 시간에는 현실적으로 어려워 일관성이 없고, 듣는 이에게도 제대로 이해가 되지 않을 수 있겠다는 생각이 들었다.

고민하던 중 우연히 들른 카페에서 원두의 특징을 적은 카드를 보게 되었다. 여러 원두를 취급하는 카페였는데, 각각의 카드에는 원두의 정보와 아로마 특징이 적혀 있었다. 카드를 보며 커피를 마시니 좀 더 원두의 특징이 풍부하게 느껴졌고, 마음에 드는 원두 카드는 가지고 있다가 다음 방문 시 헷갈리지 않고 다시 그 원두를 선택할 수 있겠다는 생각이 들었다.

이 부분을 우리 매장에도 적용하고 싶었고, 제품 하나하나에 카드를 제작해서 손님들에게 제품 의도와 특징을 자세히 전달하고 싶었다. 제품 카드 안에는 첫째는 제품 사진, 둘째는 제품의 구성 요소, 셋째는 드시는 방법과 섭취 기한을 담았다.

첫 번째로 필요한 제품 사진은 영상 제작 일을 하는 남편의 도움을 받았다. 시즌마다 달라지는 제품들은 시즌마다 하나의 공통된 주제를 갖고 구상하기 때문에 사진에서도 그 주제가 느껴지도록 준비했다. 제품 제작이 끝나면 사진 촬영을 위한 콘셉트 회의를 하고, 촬영에 필요한 소품을 구하러 여기저기 돌아다녔다. 촬영 날이 되면 직접 제품에 맞는 푸드 스타일링을 하며 촬영에 매진했다. 그리고 촬영한 사진들을 보정하는 일까지 하면 사진 작업에만 2~3주가 걸렸다. 디자인팀이나 홍보팀이 갖춰진 회사가 아니다 보니 모든 일을 혼자, 그리고 남편과 함께 해야 했는데 사진 작업이 아닌 영상물을 작업하던 남편과 사진에 대한 지식이 적은 내가 함께 하다 보니 시행착오가 많았다. 매장 안 한정된 공간에서 촬영을 해야 했으며 원하는 이미지가 나오지 않아 한 제품만 반나절 넘게 촬영하기도 하고, 소품이 부족해 촬영 중에도 달려 나가 소품을 구해오기도 했다. 그러나 3년 가까운 시간을 거친 지금은 손발이 척척 맞아 촬영 시간도 줄어들고, 멋진 사진들로 제품을 더 돋보이게 하고 있다.

두 번째로 필요했던 제품의 구성 요소들에 대한 설명은 최대한 간결하지만 이해하기 쉽도록 여러 번 검수를 거쳐 적었다. 전문가가 아니면 이해하기 힘든 용어들이 많기 때문에 요소마다 느껴지는 식감과 맛을 함께 적어 이해하기 쉽도록 노력했다.

세 번째로 들어간 드시는 방법과 섭취 기한은 어찌 보면 가장 중요한 부분이었다. 제품을 드시는 손님들을 볼 때면 상단의 크림만 떠서 드신다든지, 더운 날 야외에서 오랫동안 두었던 제품을 냉장고에 두지 않고 바로 드신다든지 하는 일이 종종 있었다. 프티 갸또들은 작은 제품 안에 여러 요소가 모여 조화를 이루는 제품이고, 온도나 습도에 따라 예민하게 변하는 제품이다. 공들여 만든 제품들이 가장 맛있는 상태에서 전달되길 바라는 마음에 모든 제품의 특징에 맞게 드시는 방법과 섭취 기한을 함께 적어드렸다.

이렇게 공들여 만든 제품 카드는 예상치 못한 효과도 가져다주었다. 예쁜 사진이 들어간 제품 카드를 기념품처럼 가져가는 분들이 늘어났고, 어떤 단골들은 이 제품 카드를 모아서 가장 잘 보이는 곳에 붙여둔다고 말씀하기도 하셨다. 다른 디저트 가게에서는 보기 힘든 제품 카드 덕분에 선물할 때도 좀 더 신경 쓴 느낌이 들어 좋다고도 하셨다.

'피칸 & 차이' 제품 카드

"촬영에 필요한 접시를 구하기 위해 이천도자기 마을을 찾았다."

"제품 촬영의 스타일링을 직접 도맡았다."

겨울 분위기가 느껴지도록 세팅한 촬영 현장

2022년 가을 심야 시식회

2024년도 봄 심야 시식회

이런 피드백에 힘입어 더 다양한 시도를 해야겠다는 생각이 들었다. 그리고 떠오른 생각은 제품 출시 전 미리 시식할 수 있는 시식회 행사였다. 당시 제품 개발을 하면서 함께 맛을 보고 의견을 나눌 사람이 가족밖에 없었기 때문에 좀 더 다양하고 객관적인 이야기를 듣고 싶었다. 게다가 가게를 운영하면 손님들과 간단한 인사 외에는 깊은 대화를 나눌 수 없기 때문에 따로 시간을 만들어 가까워지는 시간을 갖는 것도 좋을 것이라 생각했다. 그래서 시작한 오프라인 행사는 '심야 시식회'라는 이름으로 지금까지 이어지고 있다.

심야 시식회는 계절 디저트가 처음 출시되는 시기에 맞추어 가장 먼저 제품을 만날 수 있는 시간이다. 새롭게 출시되는 제품들을 다 함께 나누어 먹으며 제공되는 음료를 마시고 간단한 상품도 나눠드린다. 게다가 소수의 인원만 모시고 진행하기 때문에 손님들은 평소 클레어 파티시에의 궁금했던 점을 편하게 물어볼 수 있는 시간이 되었고, 나에게도 제품을 구상하며 고려했던 점이나 이번 제품들의 주제 등을 편하게 말씀드릴 수 있는 시간이었다. 심야 시식회라는 이름에 맞게 행사는 영업이 끝난 저녁부터 밤까지 이루어지는데, 심야의 조용한 분위기도 이 행사를 더 돋보이게 해주는 요소가 되었다. 처음 심야 시식회를 준비했을 때는 일회성의 행사로 생각했는데, 생각보다 많은 인원이 신청해 주셨고 참석하지 못한 분들의 아쉬움이 커서 행사를 꾸준히 이어오게 되었다. 그리고 이런 정기적인 오프라인 행사를 하는 디저트 가게가 많지 않다 보니, 클레어 파티시에 하면 심야 시식회를 떠올리는 분들이 많아져서 매장 홍보 효과도 볼 수 있었다.

심야 시식회 중 손님들과의 대화

솥에 찌고 볕에 말리는 과정을 거치는
둥굴레 뿌리

"직접 둥굴레 뿌리를 다듬어 보았다."

보타닉남도 대표님과 함께

매장을 운영하며 새로운 사람들을 만나는 것 또한 큰 즐거움이었다.
그 중 '보타닉 남도'의 장현주 대표님은 손님으로 시작한 만남이 협업
까지 이어진 경우였다. 보타닉 남도는 전라남도 구례에서 유기농법
을 사용한 농산물을 재배해 셰프들에게 소개하는 곳이다. 꾸준하고
조용하게 매장을 방문하시던 대표님이 보타닉 남도에 대한 이야기를
들려주시고, 재배하고 계는 작물들의 테스트를 부탁해 왔고, 너무나
도 좋은 작물의 상태에 감명받아 협업 제안을 드렸다.

구례 풍경 속 '구례의 봄'

이렇게 탄생한 제품이 바로 '구례의 봄'이다. 대표님의 산에서 자생하
는 자연산 둥굴레 뿌리를 이용해 만든 제품으로 6~7년간 스스로 자라
난 둥굴레를 새순을 틔우기 직전 캐낸다. 대표님과의 대화를 통해 남
도 지역에서는 이렇게 얻은 둥굴레 뿌리를 밥을 지을 때 넣어 둥굴레
밥을 짓는다는 이야기를 듣게 되었다. 이 점에 착안해 구례의 향미 쌀
을 이용한 히오레를 만들어 둥굴레 크림과 함께 제품을 완성했다.

이렇게 만들어진 '구례의 봄'을 출시하며, 구례에 방문해 농장을 둘러
보며 둥굴레를 캐보고 직접 둥굴레 밥을 지어 보았다. 그리고 이런 협
업의 과정을 짤막한 영상으로 제작해 함께 공개했다. 이런 제품에 담
긴 이야기는 손님들에게 큰 호응을 이끌어 냈다.

이렇게 매장을 운영하고 1년 반 정도가 지난 시점에 클레어 파티시에의 브랜드를 더 가다듬어야 겠다는 생각이 들었다. 매장을 오픈하며 충분한 시간과 고민을 거치지 않았기 때문에 타깃 설정 이나 브랜드 메시지, 로고, 제품 패키지 등 모든 것이 하나로 연결되지 않은 느낌이 들었다. 그렇 기에 2달 정도 브랜딩을 하는 시간을 거쳤다. 먼저 단골들을 토대로 주요 고객층에 대한 이해를 하고 그에 따른 브랜드 슬로건을 설정했다. 그에 따라 우리의 주 고객분들은 의미 있는 선물로 많 이 구매하신다는 점에 착안해 패키지 또한 새로 제작하게 되었다. 이런 메시지를 담을 수 있는 패 키지를 만들기 위해 디자이너를 섭외하고 몇 주간의 아이디어 회의를 통해 모든 패키지를 새로 제작했다. 이런 과정을 거치며 더 일관성 있고 획일화된 메시지를 고객들에게 전할 수 있었다.

브랜드의 컬러감을 맞춘 패키지들

2022년 밸런타인데이를 위한
'러브, 밸런타인'

2022년 빼빼로 데이를 위한 스페셜 제품

브랜드의 정체성을 찾아가면서 느낀 점은 대부분의 고객 들이 소중한 사람들을 위한 선물로 제품을 구매한다는 점이었다. 그렇기 때문에 밸런타인 데이, 빼빼로 데이, 크리스마스에는 꼭 스페셜 메뉴를 선보였다. 밸런타인 데이에는 초콜릿 봉봉이 아닌 초콜릿이 주재료가 되는 제품들을, 빼빼로 데이에는 빼빼로처럼 긴 모양의 에클 레어를, 크리스마스에는 온 가족이 호불호 없이 즐길 수 있는 케이크를 준비했다. 전형적인 선물이 아닌 스페셜 데이의 포인트와 클레어 파티시에의 색이 담긴 제품들을 많은 분들이 좋아해 주셨다.

클레어 파티시에 매장 전경

클레어 파티시에를 운영하는 3년 가까운 시간 동안 시도한 모든 시도들은 내가 중요하게 생각하는 가치를 우선적으로 생각하며 이루어졌다. 그리고 다행히도 이런 노력들을 알아주는 분들 덕분에 지금의 모습으로 성장할 수 있었다. 앞으로의 시간들은 고객 분들의 더 다양한 의견을 받아들이며 새로 운 시도를 하는 공간으로 변화하고 싶다.

CONTENTS

AUTUMN
가을

WINTER
겨울

이 책에 대해

이 책은 계절마다 달라지는 특별한 디저트를 선보이고 있는 '클레어 파티시에'의 레시피 북입니다. 책에서 소개하는 모든 제품은 현재 클레어 파티시에에서 판매하고 있거나, 지난 시즌에 판매했던 제품들입니다. 또한 일산의 한적한 주택가에서 조용하지만 단단하게 단골손님을 늘려가며 꾸준한 사랑을 받고 있는 파티세리의 기록이기도 합니다.

클레어 파티시에에는 다양한 종류의 프티 갸또들을 선보이고 있지만, 값비싼 대형 장비를 사용하지 않고 모든 제품을 셰프가 혼자 생산하는 스무 평 남짓의 작은 가게입니다. 그렇기에 클레어 파티시에의 레시피는 생산성, 작업성, 보관성에 초점이 맞춰져 있습니다. 따라서 작은 파티세리를 운영하고 계신 분들에게는 공감하면서 활용할 정보들이 많은 책이 될 것이고, 홈베이커 분들에게는 비교적 간단한 구움과자에서 벗어나 집에서도 수준 높은 프티 갸또를 만드는 데 도움을 주는 책이 될 것입니다.

본격적인 레시피를 들어가기에 앞서 알아두어야 할 것들

오븐

이 책에서 사용한 오븐은 바람의 세기를 조절할 수 있는 '우녹스 샵프로 컨벡션 오븐'입니다. 바람의 세기가 표기된 제품들을 제외하고는 모두 바람 세기 1에서 구웠습니다. 다른 브랜드의 오븐을 사용해도 무방하며, 레시피에 적힌 온도나 시간은 내가 사용하고 있는 오븐이나 작업 환경에 따라 달라질 수 있으므로 테스트해보는 것을 추천합니다.

| 펙틴 | 이 책에서는 두 가지 종류의 펙틴을 사용했습니다. |

이 책에서는 두 가지 종류의 펙틴을 사용했습니다.

* 각 레시피마다 사용한 펙틴의 종류를 표기해두었습니다.

❶ HM type 펙틴(선인 펙틴 젤리용)

당도 65brix 이상에서 작용하며, 한 번 가열한 뒤 재가열이 불가능한 펙틴입니다.

* 시판되는 옐로우 펙틴으로 대체할 수 있으며, 비슷한 효과를 기대할 수 있습니다.

❷ 펙틴x58(루이 프랑수아)

과일 이외의 재료인 초콜릿, 유제품 등 산성이 아닌 재료로 나빠주를 만들 때 사용하는 펙틴입니다.
한 번 가열한 뒤 재가열해 사용할 수 있는 펙틴입니다.

* 시판되는 아미드 펙틴으로 대체할 수 있으며, 비슷한 효과를 기대할 수 있습니다.

젤라틴매스

젤라틴매스란 가루 젤라틴을 물에 수화시켜 사용하기 편리하게 만들어 놓은 형태입니다. 가루 젤라틴과 가루 젤라틴의 6배의 미지근한 물을 섞고 굳힌 뒤 사용하기 좋은 크기로 잘라 냉장고에서 일주일 동안 보관하며 사용할 수 있습니다.

1. 가루 젤라틴에 미지근한 물을 넣고 뭉치지 않게 저어준다.

2. 통으로 옮겨 담고 굳힌 뒤 큐브 모양으로 잘라 냉장 보관한다.

유크림

이 책의 레시피에 표기된 '유크림'은 동물성 휘핑크림을 의미합니다. 클레어 파티시에에서는 레스큐어 휘핑크림을 사용하고 있으며, 일반 생크림 또는 다른 브랜드의 동물성 휘핑크림으로 대체해 사용해도 됩니다.

SPRING

봄

Spring of Gurye

구례의 봄

'구레의 봄'은 전남 구례에 위치한 '보타닉남도' 대표님을 만나면서부터 기획된 제품입니다. 보타닉남도 대표님은 다양한 분야의 셰프들과 협업해 보타닉남도에서 재배하는 특수작물은 물론, 구례에 자생하는 작물까지 여러 작물을 추천하여 셰프들이 다양한 디시를 만들 수 있도록 도움을 주시는 분이신데요. 이 '구례의 봄'은 구례 땅에 자생하여 오직 땅의 힘으로 매년 봄 싹을 틔우는 '둥굴레'를 이용한 제품입니다.

7~8년간 홀로 자라온 둥굴레 뿌리를 캐내서 9번 찌고 9번 말리는 구증구포의 과정을 거친 후, 둥굴레의 맛을 가득 담은 둥굴레 뿌리를 파우더로 재가공해 제품에 사용했습니다.

구증구포의 과정을 거치지 않은 생 둥굴레 뿌리는 밥을 지을 때 함께 넣어 '둥굴레 밥'을 지어먹는다는 대표님의 말씀에 착안해, 향미 쌀로 히오레를 만들어 둥굴레와 함께 사용했습니다.

둥굴레를 키워낸 땅의 힘을 표현하기 위해, 새순이 자라나는 땅의 모습처럼 디자인한 제품입니다.

A. 파트 슈크레 **B.** 둥굴레 가나슈 몽테 **C.** 히오레
D. 둥굴레 비스퀴 **E.** 곡물 크루스티앙

파트 슈크레

버터	125g
슈거파우더	80g
소금	1g
아몬드파우더	30g
달걀	45g
박력분	210g

1. 실온 상태의 버터를 부드럽게 푼다.

2. 슈거파우더와 소금을 넣고 아이보리 색이 날 때까지 믹싱한다.

3. 체 친 아몬드파우더를 넣고 섞는다.

4. 달걀을 3회에 나누어 섞는다.

tip. 실온 상태의 달걀을 사용한다.

5. 체 친 박력분 1/2을 넣고 전체적으로 고르게 섞어준 뒤 나머지 박력분을 넣고 섞는다.

tip. 가루가 쉽고 빠르게 섞일 수 있도록 나누어 섞는다.

6. 완성된 반죽은 가볍게 치대 한 덩어리로 뭉친 뒤 랩핑해 냉장고에서 12시간 휴지시킨다.

1

2

3

4

5

6

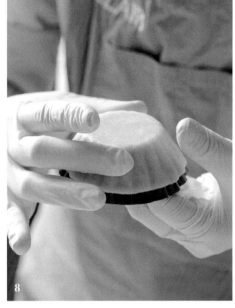

7. 휴지시킨 반죽을 두께 2mm로 밀어 펴 냉동한 뒤 원형 커터(ø 9.6cm)로 자른다.

tip. 파이롤러를 사용하거나, 두께 2mm의 각봉을 반죽 양쪽에 대고 일정하게 밀어 편다.
반죽 위아래에 롤 비닐을 덮은 뒤 밀어 펴면 덧가루 없이도 깔끔하게 작업할 수 있다.

8. 타르트 틀(매트퍼 EXOPAN 브리오슈 18 주름, ø 75mm)을 뒤집은 뒤 반죽을 올려 밀착시킨다.

tip. 틀 자체에 코팅이 되어 있어서 따로 이형제를 바르지 않아도 된다.

9. 타르트 반죽 위로 여분의 틀을 덮어준 뒤 160°C로 예열된 오븐에 10분 굽는다.

10. 덮어 주었던 타르트 틀을 제거한 뒤 추가로 5분 굽는다.

11. 안쪽 셸에 달걀물을 칠하고 추가로 5분 굽는다.

12. 틀을 제거한 뒤 바깥쪽 셸에 달걀물을 칠하고 추가로 5분 굽는다. (냉동 2주 보관 가능)

tip. 반죽이 구움색을 띤 후 타르트 틀을 제거하면 모양이 뒤틀어지는 것을 막을 수 있다.
냉동한 타르트 셸을 사용할 때는 170°C로 예열된 오븐에 3분간 해동하여 사용한다.

둥굴레 가나슈 몽테

유크림(레스큐어)	180g
젤라틴매스	7.5g
화이트초콜릿	75g
(발로나 오팔리스 33%)	
둥굴레파우더❖	5g

❖ 둥굴레파우더는 둥굴레 뿌리
(시판 볶은 둥굴레)를 120°C로
예열된 오븐에 13분 구워주고
믹서로 곱게 갈아 사용한다.

1. 유크림을 가열한다.

2. 45°C가 되면 젤라틴매스를 넣는다.

3. 화이트초콜릿과 둥굴레파우더에 **2**를 넣어 섞는다.

4. 핸드블렌더로 블렌딩한다.

5. 표면을 랩으로 밀착해 12시간 이상 냉장 숙성시킨다.

6. 사용하기 전 단단하게 휘핑해 사용한다. (냉장 3일 보관 가능)

히오레

쌀	25g
물A	50g
우유A	70g
설탕	7.5g
물B	25g
우유B	30g

1. 쌀과 물A를 센불에 가열한다.

2. 쌀이 끓어오르면 약불로 줄여 바닥을 저어가며 5분 익힌다.

3. 체에 거른 뒤 찬물로 씻어 점성을 제거한다.

4. 우유A와 설탕을 넣고 바닥을 저어가며 약불로 익힌다.

5. 끓어오르면 약 5분 졸인 뒤 물B와 우유B를 넣고 가열한다.

6. 쌀이 알 단테 상태(쌀알의 중심부의 심지가 남아 있는 상태)로 익으면 불을 끄고 뚜껑을 덮어 10분 뜸 들인다. (냉장 3일 보관 가능)

1

2

3

둥굴레 비스퀴

달걀	60g
설탕	12g
중력분	40g
둥굴레파우더❖	2g

❖ 둥굴레파우더는 둥굴레 뿌리
   (시판 볶은 둥굴레)를 120℃로
   예열된 오븐에 13분 구워주고
   믹서로 곱게 갈아 사용한다.

1. 달걀과 설탕을 90%로 휘핑한다.

2. 체 친 중력분과 둥굴레파우더를 넣고 섞는다.

3. 종이컵의 밑 부분을 칼로 뚫는다.

tip. 증기 배출을 위해 구멍을 뚫어 미리 준비한다.

4. **3**에 **2**를 30% 채운 뒤 전자레인지에 넣어 45초 돌린다.

tip. 전자레인지를 사용하면 순간적으로 부풀어 큰 기공을 가진 비스퀴가 나온다.

전자레인지를 사용할 때는 제품이 골고루 익도록 낱개로 하나씩 돌려야 한다. 반죽이 많을 경우 기포가 사라질 수 있으니 대량 작업 시 주의가 필요하다.

5. 전자레인지에서 나온 직후 식힘망 위로 뒤집어 식힌다.

6. 완벽히 식은 비스퀴는 종이컵에서 분리한 뒤 거친 기공을 살려 적당한 크기로 뜯어 준비한다.
(냉동 2주 보관 가능)

tip. 냉동 보관 시 종이컵에 담긴 상태로 보관하면 과한 수분 증발을 막을 수 있다.

4

5

6-1

6-2

곡물 크루스티앙

블론드초콜릿	15g
(발로나 둘세 35%)	
파에테 포요틴(칼리바우트)	10g
곡물 크럼블(선인, 곡물 믹스)	15g

1. 블론드초콜릿을 중탕으로 녹인다.

2. **1**에 모든 재료를 섞는다.

tip. 모든 재료가 섞인 상태로 냉장하면 재사용할
때 곡물 크럼블이 서로 잘 달라붙지 않으므로
사용할 만큼만 계량해 바로바로 소진한다.

몽타주

옐로우비트파우더❖	적당량
레드비트파우더❖	적당량
딜	적당량

❖ 옐로우비트와 레드비트를 식품 건조기에
하루 동안 말리거나, 저온의 오븐에서
완전히 말린 뒤 곱게 갈아 파우더로
만들어 사용한다.

1. 타르트 셸 안에 곡물 크루스티앙을 6g씩 넣는다.

2. 히오레를 20g씩 넣는다.

3. 휘핑한 둥굴레 가나슈 몽테로 타르트 윗면을 채운다.

4. 둥굴레 비스퀴를 사용해 타르트 윗면을 채운다.

5. 옐로우비트파우더와 레드비트파우더를 소량 뿌린다.

6. 윗면을 채우고 남은 둥글레 가나슈 몽테는 스푼을 사용해 끄넬 모양으로 만든다.

7. 끄넬 모양으로 만든 둥글레 가나슈 몽테를 제품의 중앙에 올리고 딜로 장식한다.

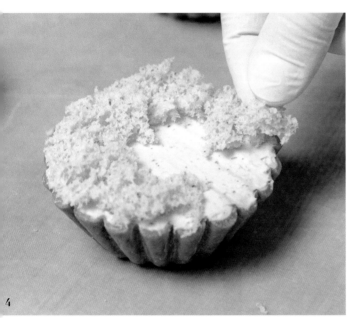

Lavender blossom

라벤더 블라썸

'라벤더 블라썸'은 평소 제품을 만들 때 향을 중요하게 생각하는 저의 개인적인 취향이 잘 담긴 제품으로, '봄'이라는 계절을 생각했을 때 만개한 라벤더 밭을 떠올리며 만들어 보았습니다.

향긋한 라벤더 향이 과하거나 부족하게 느껴지지 않도록 블루베리와 오렌지 리큐르를 함께 사용해 가볍고 산뜻한 라벤더 향을 살렸습니다.

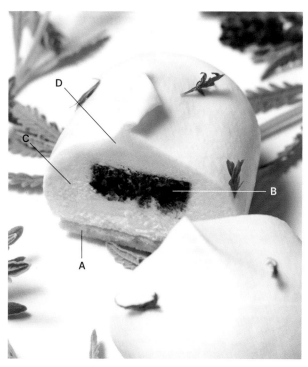

A. 아몬드 비스퀴 + 라벤더 앵비바주 **B.** 블루베리 콩포트 **C.** 라벤더 무스
D. 쿠앵트로 가나슈 몽테

아몬드 비스퀴

아몬드파우더	74g
설탕A	60g
달걀	110g
흰자	24g
설탕B	14g

1. 아몬드파우더와 설탕A를 넣고 섞는다.

2. 달걀을 넣고 아이보리 색이 날 때까지 휘핑한다.

3. 흰자에 설탕B를 나누어 넣으며 단단하게 휘핑해 머랭을 만든다.

4. 완성된 머랭을 **2**에 2회에 나누어 넣고 주걱으로 가볍게 섞는다.

1

2

3

4

5. 철판(25×33cm)에 유산지를 깔고 아몬드 비스퀴 반죽을 팬닝한다.

tip. 스페출러나 스크래퍼 등의 도구를 이용해 평평하게 만든다.

6. 170℃로 예열된 오븐에 12분 굽는다.

tip. 구운 직후 철판에서 분리하여 과도한 수축과 구움을 막는다. (이때 유산지는 벗기지 않은 채로 식힌다.)

7. 식힌 아몬드 비스퀴는 커터(실리코마트 SF165)를 사용해 자른다. (냉동 2주 보관 가능)

tip. 커터의 양면 중 넓은 면적을 사용해 자른다.

블루베리 콩포트

냉동 블루베리❖	264g
설탕A	18g
설탕B	15g
펙틴(선인 펙틴 젤리용)	4.7g
레몬즙	25g

❖ 냉동 블루베리는 사용 하루 전
  냉장고에 옮겨 해동한다.

1. 해동한 블루베리는 핸드블렌더로 블렌딩해 냄비에 담는다.

2. 설탕A를 넣고 45℃까지 가열한다.

3. 설탕B와 펙틴을 넣고 휘퍼로 저어가며 가열한다.

tip. 펙틴은 덩어리지기 쉬우니 미리 설탕과 잘 섞어서 사용한다.

4. 전체적으로 끓으면 레몬즙을 넣고 섞는다.

5. 트레이(22.5×15.5 cm)에 부어 고르게 펼친 뒤 냉동고에서 완전히 굳힌다.

tip. 트레이 바닥면에 OPP 필름을 깔아 분리가 쉽도록 한다.

6. 굳은 블루베리 콩포트는 5.7×2cm 크기로 자른다. (냉동 2주 보관 가능)

라벤더 앵비바주

물	100g
라벤더 티❖	1g
설탕	40g

❖ 라벤더는 시판 라벤더 티백 또는
　라벤더 차를 사용한다.

1.　물에 라벤더 티를 넣고 끓기 직전까지 가열한 뒤 불을 끄고 랩을
　　덮어 1시간 우린다.

2.　냄비에 설탕과 체에 거른 **1**을 넣고 설탕이 녹을 때까지
　　가열한다. (냉장 3일 보관 가능)

라벤더 무스

우유	120g
라벤더 티❖	6g
젤라틴매스	33g
화이트초콜릿	234g
(발로나 오팔리스 33%)	
유크림(레스큐어)	240g

❖ 라벤더는 시판 라벤더 티백 또는
  라벤더 차를 사용한다

1. 우유에 라벤더 티를 넣고 끓기 직전까지 가열한 뒤 불을 끄고 랩을 덮어 30분 우린다.

2. **1**을 다시 따뜻한 정도로 데워 젤라틴매스를 넣고 녹인다.

3. 반쯤 녹인 화이트초콜릿에 체에 거른 **2**를 부어준 뒤 핸드블렌더로 블렌딩하고 30°C까지 식힌다.

tip. 화이트초콜릿은 전자레인지에서 30초 단위로 짧게 끊어가며 절반 정도 녹여 사용한다.

4. 유크림은 70%로 휘핑한다.

5. 30°C까지 식힌 **3**을 **4**에 나누어 넣으며 섞는다.

6. 몰드(실리코마트 SF165)에 완성된 무스를 50% 채운다.

7. 블루베리 콩포트를 중앙에 넣는다.

8. 라벤더 무스를 추가로 채워준 뒤 냉동 보관한다. (냉동 2주 보관 가능)

쿠앵트로 가나슈 몽테

유크림(레스큐어)	200g
젤라틴매스	7g
화이트초콜릿	55g
(발로나 오팔리스 33%)	
만다린 퓌레(브와롱)	25g
오렌지 리큐르(쿠앵트로)	13g

1. 유크림을 가열한다.

2. 45℃가 되면 젤라틴매스를 넣고 녹인다.

3. 화이트초콜릿에 **2**를 넣고 섞어 녹인다.

4. 만다린 퓌레와 오렌지 리큐르를 넣고 핸드블렌더로 블렌딩한다.

5. 표면에 랩을 밀착해 냉장고에 12시간 이상 냉장 숙성시킨다.

6. 사용하기 전 단단하게 휘핑해 사용한다. (냉장 3일 보관 가능)

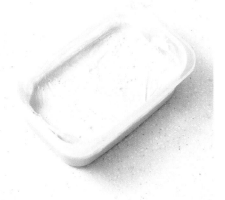

몽타주

콘플라워(수레국화) 적당량

1. 라벤더 앵비바주에 자른 아몬드 비스퀴를 적신 뒤 테프론시트 위에 올린다.

2. 라벤더 무스를 몰드에서 분리해 휘핑한 쿠앵트로 가나슈 몽테에 담가 골고루 묻힌다.

3. 천천히 들어 올려 뾰족한 뿔 모양을 만든다.

4. 1 위에 3을 중심을 잘 맞춰 올린다.

5. 콘플라워를 올려 마무리한다.

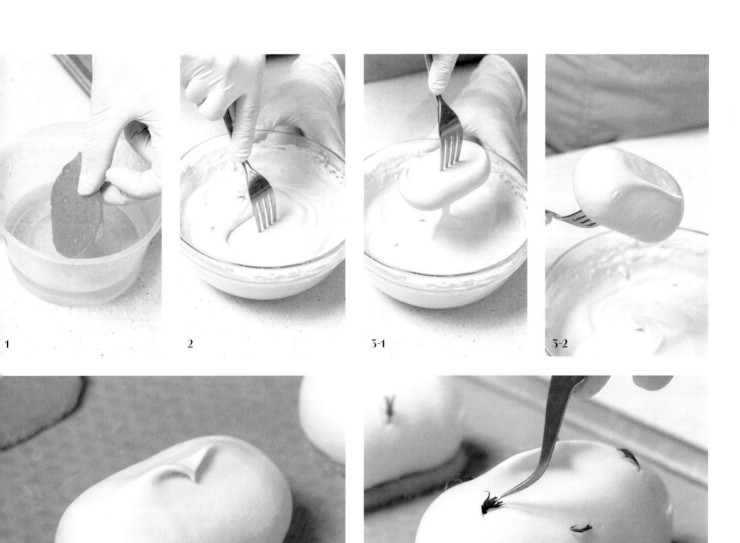

白石

백석

'백석'은 클레어 파티시에가 위치한 일산 백석동의 이름에서 착안한 제품입니다. 먼 옛날, 희고 고운 돌을 소중히 여긴 백석동 주민들의 마음을 디저트로 표현했습니다.

'돌'에서 느껴지는 단단하고 차가운 이미지 대신, 부드럽게 사라지는 무스로 제품을 만들고, 산뜻한 자몽 과육을 담아 남녀노소 호불호 없이 즐기실 수 있게 완성했습니다.

이 돌 모양의 디저트는 클레어 파티시에의 이름을 많은 분들에게 알리게 해주었고, 시즌별로 메뉴가 달라지는 클레어 파티시에에서 계절과 상관없이 항상 판매하는 시그니처 제품이 되었습니다.

A. 진저 비스퀴 B. 자몽 콩포트 C. 유자 & 베르가못 무스
D. 화이트 벨벳 피스톨레

진저 비스퀴

아몬드파우더	74g
설탕A	60g
진저브레드 스파이스	2g
(브레드가든)	
달걀	110g
흰자	24g
설탕B	14g

1. 아몬드파우더와 설탕A, 진저브레드 스파이스를 섞는다.

2. 달걀을 넣고 아이보리 색이 날 때까지 믹싱한다.

3. 흰자에 설탕B를 나누어 넣으며 단단하게 휘핑해 머랭을 만든다.

4. 완성된 머랭을 **2**에 2회에 나누어 넣고 주걱으로 가볍게 섞는다.

1

2

3

4

5

6

5. 철판(25×33cm)에 유산지를 깔고 팬닝한다.

tip. 스페출러나 스크래퍼 등의 도구를 이용해 평평하게 만든다.

6. 160°C로 예열된 오븐에 14분 굽는다.

tip. 구운 직후 철판에서 분리하여 과도한 수축과 구움을 막는다.
(이때 유산지는 벗기지 않은 채로 식힌다.)

7. 식힌 비스퀴는 커터(실리코마트 zen100)를 사용해 자른다.
(냉동 2주 보관 가능)

tip. 커터의 양면 중 좁은 면적을 사용해 자른다.

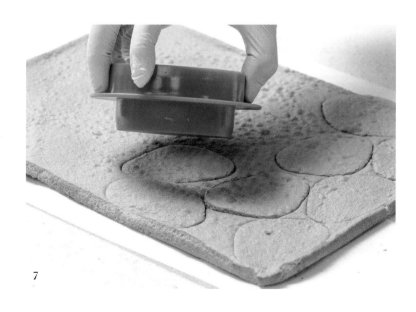

7

자몽 콩포트

자몽 과육	190g
자몽즙	40g
블러드오렌지 퓌레 (브와롱)	15g
설탕A	15g
설탕B	10g
펙틴(선인 펙틴 젤리용)	5g
젤라틴매스	12g
오렌지 리큐르(트리플 섹)	10g
타임	2g

1. 자몽의 껍질을 제거한 뒤 과육을 작게 자른다.

2. 자몽즙, 블러드오렌지 퓌레, 설탕A를 40℃까지 가열한다.

tip. 자몽즙은 자몽 과육을 자르는 중 나오는 과즙을 체에 걸러 사용한다.

3. 설탕B와 펙틴을 넣고 휘퍼로 저어가며 가열한다.

tip. 펙틴은 덩어리지기 쉬우니 미리 설탕과 잘 섞어서 사용한다.

4. 전체적으로 끓으면 젤라틴매스와 오렌지 리큐르를 넣고 40℃까지 식힌다.

5. 4에 1과 타임을 넣고 섞는다.

tip. 타임은 잎만 떼어내 사용한다.

6. 몰드(실리코마트 SF055)에 30g씩 팬닝해 냉동고에서 완전히 굳힌다. (냉동 2주 보관 가능)

tip. 얼리기 전 고무주걱 등을 이용해 표면을 평평하게 다듬어 준다.

유자 & 베르가못 무스

우유	120g
유자 제스트(선인)	12g
젤라틴매스	34g
화이트초콜릿	235g
(발로나 오팔리스 33%)	
유크림(레스큐어)	240g
베르가못 퓌레(브와롱)	18g

1. 우유에 유자 제스트를 넣고 3시간 우린 뒤 김이 날 때까지 가열한다.

2. 젤라틴매스를 넣고 섞어 녹인다.

3. 반쯤 녹인 화이트초콜릿에 **2**를 체에 걸러 넣는다.

tip. 화이트초콜릿은 전자레인지에서 30초 단위로 짧게 끊어가며 절반 정도 녹여 사용한다.

4. 핸드블렌더로 블렌딩한다.

5.   유크림을 60%로 휘핑한다.

6.   **5**에 베르가못 퓌레를 넣어 섞는다.

tip.   베르가못은 강한 산 성분을 가지고 있어 덩어리지기 쉬우므로 빠르게 작업한다.

7.   **4**가 30°C까지 식으면 **6**에 넣고 섞는다.

8.   몰드(실리코마트 zen100)에 완성된 무스를 50% 채운다.

9.   자몽 콩포트를 중앙에 넣는다.

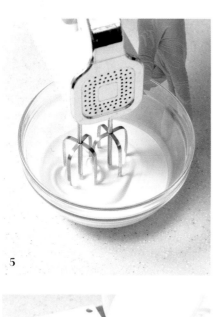

5

6

7

8

9

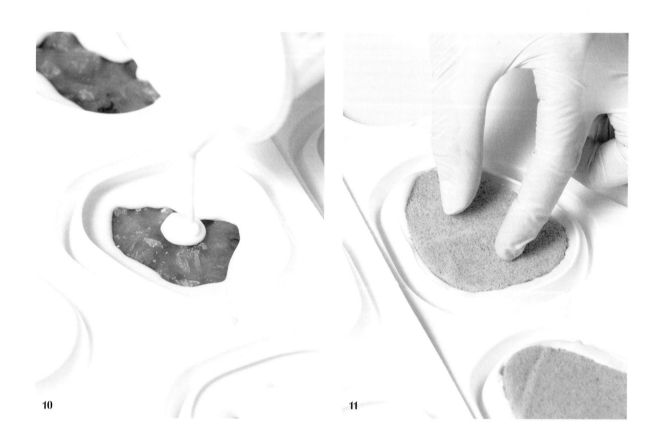

10

11

10. 남은 공간의 90%까지 무스를 채운다.

11. 진저 비스퀴를 넣고 냉동 보관한다. (냉동 2주 보관 가능)

tip. 가장자리로 올라온 무스는 스패출러를 사용해 깔끔하게 정리한다.

화이트 벨벳 피스톨레

화이트초콜릿	120g
(칼리바우트)	
카카오버터	80g
이산화티타늄	소량

1. 화이트초콜릿과 카카오버터를 50°C가 되도록 중탕한다.

2. 이산화티타늄을 넣고 블렌딩한다.

3. 사용 전 33~35°C로 맞춘 뒤 무스에 분사한다. (실온 2주 보관 가능)

1

2

3-1 분사 전

3-2 분사 후

몽타주

블랙 코코아파우더(아이비자)   적당량

피스톨레 작업까지 완성한 무스는 냉장고에서 4시간 이상 해동한 뒤
블랙 코코아파우더를 살짝 뿌려 마무리한다.

Earl gray mille-feuille

얼그레이 밀푀유

'얼그레이 밀푀유'는 '얼그레이'라는 한 가지 재료를 여러 조리법을 활용해 다양한 변주를 주어 얼그레이의 진한 여운을 표현하고자 했습니다.

얼그레이를 활용한 크레뫼, 무슬린 크림, 가나슈 몽테는 각각 느껴지는 무게감이 달라 먹는 재미를 느끼실 수 있습니다.

제품을 만들며 고려했던 부분은 제품의 아래로 갈수록 무게감을 주어 전체적인 밸런스를 안정적으로 맞춘 점, 얼그레이 속 베르가못의 향을 이용해 맛의 변주를 준 점입니다.

A. 푀이타주 B. 얼그레이 가나슈 몽테 C. 얼그레이 무슬린 크림
D. 얼그레이 크레뫼 E. 베르가못 겔

How to Make   - 6개 분량 -

푀이타주(라피드 기법)

얼음물	90g
카놀라유	18g
소금	3.5g
박력분	180g
버터	120g
슈거파우더	적당량

1. 얼음물에 카놀라유와 소금을 넣고 소금이 녹을 때까지 가볍게 섞는다.

tip. 얼음물은 얼음이 아닌, 얼음을 담가 차갑게 만든 액체 상태의 물만 사용한다.
얼음물을 사용하면 버터가 반죽 속에서 녹지 않은 상태로 있어 푀이타주의 결을 잘 살려준다.

2. 푸드프로세서에 박력분과 깍둑썬 차가운 상태의 버터를 넣고 쌀알 크기로 간다.

3. **2**를 **1**에 넣고 스크래퍼를 사용하여 가르듯이 가볍게 섞는다.

4. 한 덩어리로 완성된 반죽은 랩핑한 뒤 냉장고에서 12시간 휴지시킨다.

5. 휴지시킨 반죽은 3절 접기를 3회 작업한 뒤 냉장고에 3시간 휴지시킨다.

tip. 사진과 같이 3절 접기 작업을 연달아 3회한 뒤 냉장고에서 휴지시킨다.

1

2

3

4

5-1

5-2

6. 휴지시킨 반죽은 두께 2mm로 밀어 펴준 뒤 냉동 보관한다.

tip. 파이롤러를 사용하거나, 두께 2mm의 각봉을 양쪽에 대고 일정하게 밀어 편다.

7. 200°C로 예열된 오븐에 8분 구운 뒤 철판을 덧대어 7분 더 굽는다.

8. 위에 올린 철판을 제거하고 원형 커터(ø 8.4cm)로 푀이타주를 자른다.

9. 자른 푀이타주 위로 슈거파우더를 얇고 균일하게 뿌린다.

tip. 슈거파우더가 뭉치거나 두껍게 뿌려진 경우, 푀이타주가 탈 때까지 슈거파우더가 녹지 않으니 한 겹만 얇게 뿌린다.

10. 광택이 올라오도록 220°C로 예열된 오븐에 5분 추가로 굽는다.

얼그레이 가나슈 몽테

유크림(레스큐어)	100g
얼그레이 티백	1개
(아마드티 얼그레이 홍차)	
젤라틴매스	3.5g
화이트초콜릿	50g
(발로나 오팔리스 33%)	

1. 유크림에 얼그레이 티백을 넣고 끓기 직전까지 데운 뒤 불을 끄고 랩을 덮어 30분 우린다.
2. 티백을 건진 뒤 다시 따뜻한 정도로 데워 젤라틴매스를 넣고 녹인다.
3. 화이트초콜릿에 **2**를 부어 핸드블렌더로 블렌딩한다.
4. 표면을 랩으로 밀착하고 냉장고에서 12시간 이상 숙성시킨다.
5. 사용하기 전 단단하게 휘핑한다. (냉장 3일 보관 가능)

얼그레이 크렘 파티시에르*

우유	150g
얼그레이 티백	1개
(아마드티 얼그레이 홍차)	
설탕A	18g
노른자	36g
설탕B	18g
옥수수전분	18g
버터	15g

1. 우유에 얼그레이 티백을 넣고 끓기 직전까지 가열한 뒤 불을 끄고 랩을 덮어 30분 우린다.

2. 티백을 건진 뒤 설탕A를 넣고 김이 날 때까지 가열한다.

3. 노른자에 설탕B와 옥수수전분을 넣고 아이보리 색이 날 때까지 믹싱한다.

4. **3**에 **2**를 나누어 넣으며 섞는다.

5. 다시 냄비로 옮겨 휘퍼로 빠르게 저어가며 불 위에서 호화시킨다.

tip. 전체적으로 끓어오르고 윤기가 나며 매끄러운 상태에 마무리한다.

6. 버터를 넣고 섞어 녹인다.

7. 체에 내려 마무리한다.

tip. 완성한 크렘 파티시에르는 보관하지 않고 바로 얼그레이 무슬린 크림으로 만들어 사용한다.

얼그레이 무슬린 크림

얼그레이 크렘 파티시에르*	200g
버터	100g
오렌지 리큐르(그랑 모나크)	2g

1. 얼그레이 크렘 파티시에르를 핸드블렌더로 부드럽게 푼다.

tip. 얼그레이 크렘 파티시에르는 한 김 식혀 25℃에 작업한다.

2. 실온 상태의 버터에 **1**을 3회 나누어 넣고 휘퍼로 섞는다.

3. 오렌지 리큐르를 넣고 섞는다. (냉장 2일 보관 가능)

얼그레이 크레뫼

우유	90g
얼그레이 티백	1개
(아마드티 얼그레이 홍차)	
유크림(레스큐어)	45g
노른자	54g
설탕	15g
젤라틴매스	18g
화이트초콜릿	76g
(발로나 오팔리스 33%)	

1. 우유에 얼그레이 티백을 넣고 끓기 직전까지 데운 뒤 불을 끄고 랩을 덮어 30분 우린다.

2. 티백을 건진 뒤 유크림을 넣고 김이 날 때까지 가열한다.

3. 노른자에 설탕을 넣고 아이보리 색이 날 때까지 믹싱한다.

4. **3**에 **2**를 나누어 넣으며 섞는다.

5. 다시 냄비로 옮겨 82°C까지 가열해 앙글레이즈를 만든다.

tip. 앙글레이즈가 타지 않게 주걱으로 계속 저으며 작업한다.

6. 젤라틴매스를 넣고 녹인다.

7. 체에 내려 화이트초콜릿과 섞는다.

8. 핸드블렌더로 블렌딩한다.

9. 몰드(실리코마트 SQ077)에 40g씩 채운다. (냉동 2주 보관 가능)

1

2

3

베르가못 겔

물	40g
설탕	20g
베르가못 퓌레	60g
레몬그라스 퓌레	20g
아가아가	2g

1. 모든 재료를 한 번에 가열한다.

2. 완전히 끓으면 불을 끄고 표면을 랩으로 밀착해 냉장고에 6시간 이상 보관한다.

3. 완전히 굳은 겔은 핸드블렌더로 블렌딩한 뒤 체에 내려 짤주머니에 넣고 냉장 보관한다.
(냉장 1주 보관 가능)

몽타주

콘플라워(수레국화)   적당량

1. 자른 푀이타주를 준비한다.

2. 얼그레이 크레뫼를 올린다.

3. 얼그레이 크레뫼 위로 푀이타주를 올린다.

4. 얼그레이 무슬린 크림을 돌림판과 원형깍지(∅ 11mm)를 사용해 고르게 파이핑한다.

5. 베르가못 겔을 얼그레이 무슬린 크림 사이사이에 균일하게 파이핑한다.

6. 푀이타주를 올린다.

7. 짤주머니에 얼그레이 가나슈 몽테를 담아 구멍을 작게 자른 뒤 일렬로 파이핑한다.

8. 사이사이 베르가못 겔을 파이핑한다.

9. 콘플라워를 올려 마무리한다.

7

8

9

Fresh

프레시

'프레시'는 영화 <아메리칸 셰프>에 나오는 레몬 파슬리 파스타를 떠올리며 만든 제품입니다.

가볍게 부서지는 레몬 머랭 안에 레몬 크림을 채우고, 파슬리 크림으로 마무리했습니다. 추가로 산뜻한 봄의 이미지가 더욱 잘 느껴지도록 애플 망고를 사용한 콩포트를 더했습니다.

가볍게 부서지는 레몬 머랭의 식감과 파슬리 크림의 가벼운 텍스처로 봄의 산뜻함을 느낄 수 있는 제품입니다.

A. 레몬 머랭 **B.** 레몬 마스카르포네 크림 **C.** 아몬드 비스퀴 + 레몬 앵비바주
D. 망고 파슬리 콩포트 **E.** 파슬리 샹티이

레몬 머랭

식용유	적당량
흰자	50g
설탕	75g
레몬즙	10g
슈거파우더	25g
레몬 제스트	1개
데코스노우	적당량
화이트초콜릿	60g
(발로나 오팔리스 33%)	
카카오버터	40g

1. 몰드(실리코마트 SF004)를 뒤집어 식용유를 얇게 발라 코팅한다.

tip. 머랭이 서로 달라붙지 않도록 한 칸씩 공간을 띄고 작업한다.

2. 믹싱볼에 흰자와 설탕, 레몬즙을 넣고 중탕으로 가열한다.

tip. 흰자가 익지 않도록 가볍게 저으며 중탕한다.

3. 52°C까지 온도가 오르면 스탠드믹서로 옮겨 고속으로 휘핑해 힘 있는 머랭 상태로 만든 뒤,
   저속으로 1~2분 돌려 기포를 정리한다.

4. 체 친 슈거파우더와 레몬 제스트를 넣고 주걱으로 섞는다.

tip. 머랭 속 과한 기포를 없애는 느낌으로 살짝 치대듯 섞는다. 이렇게 하면 머랭 속 기포가 터져 크랙이
   생기는 것을 방지할 수 있다.
   완성된 머랭은 주걱으로 들어 올렸을 때 길게 늘어지도록 여러 번 저어 마무리한다.

5. 원형깍지(ø 11mm)를 이용해 몰드 뒷면에 머랭을 파이핑한다.

tip. 머랭이 얇으면 깨지기 쉬우니 도톰하게 파이핑한다.
   개수에 맞춰 파이핑하고 남은 여분의 머랭도 버리지 않고 사용해 장식용 머랭 조각으로 남겨둔다.

6. 세 줄 파이핑한 뒤 몰드 윗부분을 한번 채운 뒤 다시 동일하게 파이핑한다.

tip. 이 부분이 제품의 밑부분이 되어 전체적인 무게를 지탱하는 역할을 하므로 이렇게 머랭을
   한 번 더 덧대어주면 안정적으로 완성할 수 있다.

7. 머랭 표면에 데코스노우를 뿌린다.

tip. 데코스노우는 수분에 녹지 않도록 제조된 특수한 설탕으로, 완성된 머랭을 냉장 보관할 때 눅눅해지는 것을 방지한다.

8. 90℃로 예열된 오븐에 약 100분 동안 완전히 말린다.

9. 오븐에서 나온 머랭을 완전히 식혀 조심스럽게 몰드에서 분리한다.

tip. 머랭을 충분히 식혀야 틀에서 잘 분리된다.

10. 머랭의 안쪽 부분은 완전히 건조된 상태가 아니므로 머랭을 식품 건조기로 옮겨 하루 동안 건조한 뒤 머랭의 밑바닥을 체를 이용해 평평하게 다듬는다.

tip. 식품 건조기가 없는 경우 저온의 오븐에서 머랭의 안쪽을 완전히 말린다. 바닥 면을 너무 갈아내 머랭의 높이가 낮아지지 않도록 주의한다.

11. 화이트초콜릿과 카카오버터를 함께 중탕해 섞은 뒤 머랭의 안쪽 면과 바닥에 얇게 바른다.

tip. 데코스노우가 닿지 않은 모든 부분을 커버한다고 생각하며 꼼꼼히 바른다.

12. 실온에서 완전히 굳힌 뒤 밀폐용기에 실리카겔과 함께 실온 보관한다. (실온 1주 보관 가능)

레몬 마스카르포네 크림

달걀	60g
설탕	38g
레몬즙	35g
젤라틴매스	7g
마스카르포네	80g
(엘르앤비르)	

1. 달걀에 설탕을 넣고 가볍게 믹싱한다.

2. 레몬즙을 김이 날 때까지 가열한다.

tip. 레몬즙은 직접 착즙해 과육과 씨앗을 걸러낸 뒤 사용한다.

3. **1**에 **2**를 넣으며 섞는다.

4. **3**을 다시 냄비에 옮겨 전체적으로 끓어오르도록 가열한다.

tip. 달걀이 익지 않도록 중불 또는 중약불에서 계속 저어가며 가열한다.
레몬의 강한 산성분 때문에 스테인리스 휘퍼를 사용하면 쇠 맛 같은 비린맛이 느껴질 수 있으므로
주걱으로 작업한다.

5. 끓어오르면 불을 끄고 젤라틴매스를 넣고 녹인다.

6. 체에 내린다.

7. 표면을 랩으로 밀착하고 냉장고에서 12시간 이상 두어 크림이 단단해지도록 식힌다.

8. 단단해진 크림을 핸드블렌더로 가볍게 블렌딩한다.

9. 마스카르포네를 넣어 단단하게 휘핑한다. (냉장 3일 보관 가능)

7   8   9

레몬 앵비바주

레몬그라스	30g
물	180g
설탕	105g
라임 퓌레(브와롱)	60g

1. 머들러 또는 단단한 도구를 사용해 레몬그라스를 으깬다.

tip. 레몬그라스는 짓이길수록 향을 내므로 이 과정을 꼭 지키도록 한다.

2. 으깬 레몬그라스와 물을 가열한 뒤 불을 끄고 랩을 덮어 20분 우린다.

3. 체에 거른 뒤 다시 가열한 뒤 무게를 잰다. 180g보다 적은 경우 물을 추가해 180g으로 맞춘 뒤 설탕을 넣고 가열해 시럽을 만든다.

4. 완성된 시럽과 라임 퓌레를 섞는다. (냉장 1주 보관 가능)

1　　2　　3　　4

아몬드 비스퀴

아몬드파우더	74g
설탕A	60g
달걀	110g
흰자	24g
설탕B	14g

1. 아몬드파우더와 설탕A를 넣고 섞는다.

2. 달걀을 넣고 아이보리 색이 날 때까지 휘핑한다.

3. 흰자에 설탕B를 3회에 나누어 넣으며 단단하게 휘핑해 머랭을 만든다.

4. 완성된 머랭을 **2**에 2회에 나누어 넣고 주걱으로 가볍게 섞는다.

5. 철판(25×33cm)에 유산지를 깔고 팬닝한다.

tip. 스페출러나 스크래퍼 등의 도구를 이용해 평평하게 만든다.

6. 170°C로 예열된 오븐에 12분 굽는다.

tip. 구운 직후 철판에서 분리하여 과도한 수축과 구움을 막는다.

7. 식은 아몬드 비스퀴는 원형 커터(ø 4.5cm)를 사용해 자른다. (냉동 2주 보관 가능)

5　　6　　7

망고 파슬리 콩포트

냉동 애플망고A❖	75g
냉동 애플망고B❖	75g
망고 퓌레(브와롱)	15g
펙틴(선인 펙틴 젤리용)	1.5g
젤라틴매스	4g
이탈리안 파슬리 잎	5g

❖ 냉동 애플망고는 사용 하루 전
　냉장 해동 뒤 사용한다.

1. 냉동 애플망고A를 작게 깍둑썰고, 체에 물기를 걸러 준비한다.

2. 냉동 애플망고B를 푸드프로세서를 사용해 곱게 간다.

3. 냄비에 **2**와 망고 퓌레를 담고 40℃까지 가열한다.

4. 펙틴을 나눠 넣어 휘퍼로 저어가며 가열한다.

5. 전체적으로 끓으면 젤라틴매스를 넣고 녹인다.

1

2

3

4

5

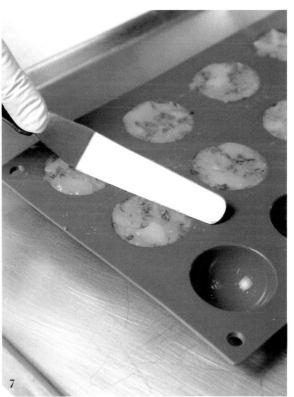

6

7

6. 이탈리안 파슬리 잎을 다져 **1**과 버무린다.

7. 몰드(실리코마트 SF005)에 100% 채운 뒤 12시간 이상
냉동 보관한다. (냉동 2주 보관 가능)

tip. 스패출러를 사용해 깔끔하게 정리한다.

파슬리 샹티이

유크림(레스큐어)	240g
슈거파우더	24g
젤라틴매스	10.5g
설탕	12g
이탈리안 파슬리 잎	6g

1. 유크림 1/2과 슈거파우더를 50℃까지 가열한다.

2. 젤라틴매스를 넣고 녹인다.

3. 종이호일 사이에 설탕과 다진 이탈리안 파슬리 잎을 넣고 밀대로 으깨듯 밀어 펴 설탕에 파슬리 향이 충분히 배도록 한다.

tip. 수분이 닿아도 잘 찢어지지 않는 종이호일을 사용한다.

4. **2**에 **3**을 넣고 섞는다.

5. 체에 내린다.

6. 남은 절반의 유크림을 넣고 섞는다.

7

8

7. 표면을 랩으로 밀착하고 냉장고에서 12시간 이상 숙성시킨다.

8. 사용하기 전 형태를 유지하는 정도로 단단하게 휘핑한다. (냉장 3일 보관 가능)

파슬리 칩

❶ 싱싱한 이탈리안 파슬리 잎을 한 개씩 뗀다.

❷ 115~120℃로 예열된 기름에 넣고 튀긴다.

❸ 튀겨진 파슬리 잎은 키친타월에 한 개씩 떨어뜨려 식힌다.

❶

❷

❸

몽타주

1. 레몬 머랭 안에 레몬 마스카르포네 크림을 90% 채운다.

2. 레몬 앵비바주에 아몬드 비스퀴를 넣어 적신다.

3. **2**를 레몬 마스카르포네 크림 위에 얹는다.

4. 아몬드 비스퀴 위로 망고 파슬리 콩포트를 올린다.

5. 휘핑한 파슬리 샹티이를 원형깍지(ø 11mm)를 이용해 망고 파슬리 콩포트 밑부분 주위로 2바퀴 둘러 파이핑한다.

tip. 망고 파슬리 콩포트와 레몬 머랭의 간격을 메꾸는 작업이다.

6. 동일한 깍지로 파슬리 샹티이를 작은 물방울 형태로 파이핑한다.

7. 머랭 조각과 파슬리 칩을 올려 마무리한다.

tip. 머랭 조각은 레몬 머랭을 만들고 남은 여분의 것을 작게 잘라 사용한다.

Printemps

프렝땅

'프렝땅'의 주재료인 금귤은 개인적으로 좋아하는 식재료입니다. 금귤은 감귤의 달콤함과 특유의 쌉쌀함을 동시에 지니고 있고, 작은 사이즈에 껍질까지 함께 먹을 수 있는 독특한 비주얼까지 갖추고 있어 디저트로 사용하기에 매력적인 과일입니다.

금귤을 가열하게 되면 특유의 산뜻한 풍미가 가려지기 쉬워서 최대한 생과를 살려 사용하고 싶었고, 산뜻한 금귤의 맛이 돋보일 수 있도록 부드럽게 입안을 감싸주는 로즈마리 무스를 함께 매칭했습니다.

제품에 사용된 로즈마리 무스는 입안에 남지 않고 가볍게 사라질 수 있도록 초콜릿이나 달걀을 사용하지 않은 가벼운 무스입니다. 전체적으로 가볍고 산뜻한 맛의 일관성을 중요하게 생각해 만든 제품입니다.

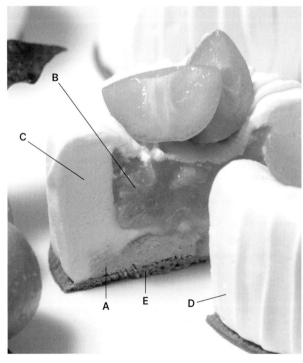

A. 헤이즐넛 다쿠아즈 **B.** 금귤 오렌지 콩포트 **C.** 로즈마리 무스
D. 오렌지 블라썸 가나슈 몽테 **E.** 파트 슈크레

헤이즐넛 다쿠아즈

흰자	155g
레몬즙	2g
설탕	59g
헤이즐넛파우더	108g
아몬드파우더	33g
슈거파우더	146g

1. 흰자에 레몬즙을 넣고 휘핑한다.

2. 설탕을 3회에 나누어 넣으며 단단하게 휘핑한다.

3. 체 친 헤이즐넛파우더, 아몬드파우더, 슈거파우더를 한 번에 넣고 가볍게 섞는다.

4. 몰드(실리코마트 TAPIS ROULADE 325×325)에 원형깍지(ø 11mm)를 사용해 일렬로 균일하게 파이핑한다.

1

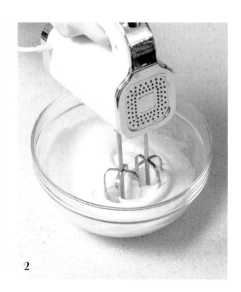
2

3

4

5. 반죽 위에 여분의 슈거파우더를 뿌린다.

6. 170°C로 예열된 오븐에 15분 굽는다. (바람 세기 2단)

7. 완전히 식힌 다쿠아즈는 원형 커터(ø 5.5cm)를 사용해 자른다.
   (냉동 2주 보관 가능)

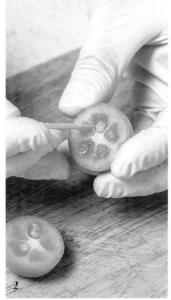

금귤 오렌지 콩포트

오렌지 과육	40g
금귤	100g
물	10g
오렌지즙	10g
설탕	10g
펙틴(선인 펙틴 젤리용)	1g
레몬즙	2g

1. 오렌지의 껍질을 제거한 뒤 과육을 작게 자른다.

2. 금귤의 꼭지와 씨를 제거해 100g을 준비한다.

3. 믹서에서 입자가 느껴질 정도로 간다.

4. 믹서에 간 금귤, 물, 오렌지즙을 함께 45℃까지 가열한다.

tip. 오렌지즙은 오렌지 과육을 자르며 생긴 과즙을 체에 걸러 사용한다.

5. 설탕과 펙틴을 넣고 휘퍼로 저어가며 가열한다.

tip. 펙틴은 덩어리지기 쉬우니 미리 설탕과 잘 섞어서 사용한다.

6. 전체적으로 끓으면 레몬즙을 넣고 섞어준 뒤 불에서 내려 **1**과 섞는다.

7. 몰드(실리코마트 SF037)에 100% 채운 뒤 12시간 이상 냉동 보관한다. (냉동 2주 보관 가능)

tip. 스패출러를 사용해 깔끔하게 정리한다.

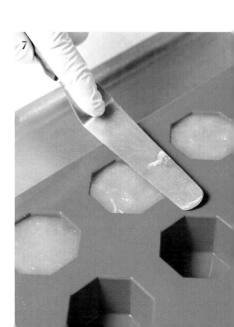

로즈마리 무스

우유	68g
로즈마리	5g
설탕A	20g
젤라틴매스	28g
유크림(레스큐어)	203g
설탕B	20g
오렌지 리큐르(쿠앵트로)	8g

1. 우유에 로즈마리를 넣고 끓기 직전까지 데운 뒤 불을 끄고 랩을 덮어 3시간 우린다.

tip. 로즈마리는 머들러나 단단한 도구를 사용해 짓이겨 향이 강하게 뿜어져 나오게 해 사용한다.

2. 체에 거른 뒤 다시 가열한 뒤 무게를 잰다. 68g보다 적은 경우 우유를 추가해 68g으로 맞춘다.

3. 설탕A를 넣고 50°C까지 가열한다.

4. 젤라틴매스를 넣고 녹인다.

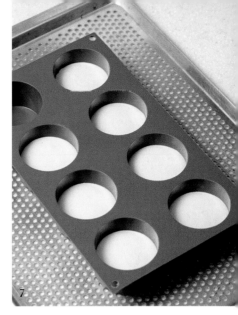

5. 유크림과 설탕B, 오렌지 리큐르를 70%로 휘핑한다.

6. 28°C까지 식힌 **4**를 **5**에 나누어 넣으며 섞는다.

7. 몰드(실리코마트 SF119)에 무스를 50% 채운다.

8. 금귤 오렌지 콩포트를 넣는다.

9. 헤이즐넛 다쿠아즈를 넣고 2시간 이상 냉동 보관한다. (냉동 2주 보관 가능)

tip. 가장자리에 올라온 무스는 스패출러를 사용해 깔끔하게 정리한다.
완성된 무스의 바닥면이 평평하도록 헤이즐넛 다쿠아즈는 밑면이 위를 향하도록 넣는다.

오렌지 블라썸 가나슈 몽테

유크림(레스큐어)	100g
젤라틴매스	3.5g
화이트초콜릿	28g
(발로나 오팔리스 33%)	
오렌지 꽃물 착향료	1.5g
(플뢰르 오랑제)	

1. 유크림을 가열한다.

2. 45℃가 되면 젤라틴매스를 넣고 녹인다.

3. 화이트초콜릿에 **2**를 넣어 섞는다.

4. 오렌지 꽃물 착향료를 넣고 핸드블렌더로 블렌딩한다.

5. 표면을 랩으로 밀착하고 냉장고에서 12시간 이상 숙성시킨다.

6. 사용하기 전 단단하게 휘핑한다. (냉장 3일 보관 가능)

파트 슈크레

버터	125g
슈거파우더	80g
소금	1g
아몬드파우더	30g
달걀	45g
박력분	210g

1. 실온 상태의 버터를 부드럽게 푼다.

2. 슈거파우더와 소금을 넣고 아이보리 색이 날 때까지 믹싱한다.

3. 체 친 아몬드파우더를 넣고 섞는다.

4. 달걀을 3회에 나누어 섞는다.

tip. 실온 상태의 달걀을 사용한다.

5. 체 친 박력분 1/2을 넣고 전체적으로 고르게 섞어준 뒤, 나머지 박력분을 넣고 섞는다.

tip. 가루가 쉽고 빠르게 섞일 수 있도록 나누어 섞는다.

6. 완성된 반죽은 랩핑한 뒤 냉장고에서 12시간 휴지시킨다.

1

2

3

4

5

6

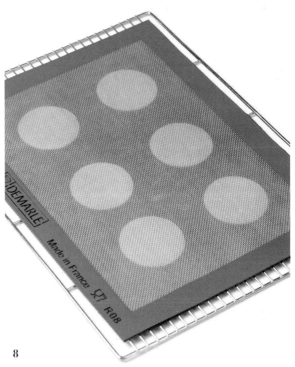

7

8

7. 두께 2mm로 밀어 편 뒤 원형 커터(ø 7.3cm)로 자른다.

tip. 파이롤러를 사용하거나, 두께 2mm의 각봉을 양쪽에 대고
일정하게 밀어 편다.
롤 비닐 사이에 반죽을 넣고 밀어 펴면 덧가루 없이 손쉽게 작업할 수 있다.

8. 오븐 팬에 타공 매트를 깔아주고 반죽을 팬닝한 뒤,
반죽 위로 베이킹매트를 올려 덮는다.

9. 160℃로 예열된 오븐에 15분 굽는다. (냉동 2주 보관 가능)

tip. 오븐 성능에 따라 굽는 시간에 차이가 있을 수 있으니 구움색을 보고
판단한다.

9

몽타주

금귤	적당량
데코젤 미로와	적당량
로즈마리	적당량

1. 무스의 바닥을 칼로 고정하고 모양깍지(윌튼 47번)를 이용해 옆면에 오렌지 블라썸 가나슈 몽테를 수직으로 파이핑한다.

2. 파이핑이 끝나면 밑 부분을 스패출러로 깔끔하게 정리한다.

3. 구워둔 파트 슈크레 위에 무스를 조심스럽게 올린다.

1

2

3

4. 꼭지와 씨를 제거한 금귤 2개를 준비한다. 1개는 1/2 조각으로, 1개는 1/4 조각으로 잘라둔다.

5. 금귤을 데코젤 미로와에 버무린 뒤 무스 위에 먹음직스럽게 올린다.

6. 로즈마리를 올려 마무리한다.

4

5

6

Fleur rouge

플레흐 후즈

'플레흐 후즈(붉은 꽃)'는 예전에 프랑스 여행을 갔을 때 가장 인상 깊은 디저트였던 피에르 에르메 셰프님의 '이스파한'을 생각하며 만든 제품입니다. 이제는 너무나도 유명해진 장미, 리치, 산딸기와의 조합을 제품의 주재료로 가져와 제 나름의 방식으로 변형해 보았습니다.

원작 '이스파한'에서는 퀄리티 좋은 산딸기가 제품 전체의 이미지를 결정지을 정도로 높은 비중을 차지했는데, 같은 퀄리티의 산딸기를 구할 수 없어 리치 과육이 살아 있는 콩포트와 라즈베리 쿨리를 사용해 변형했습니다.

풍부한 장미향이 제품 전체를 감싸고, 그 안에 리치와 산딸기가 포인트가 되는 이 제품은 간결한 디자인이지만 화려한 꽃향기가 입안에서 기분 좋게 터지도록 완성했습니다.

A. 레드 비스퀴   **B.** 리치 콩포트   **C.** 라즈베리 쿨리
D. 로즈 가나슈 몽테   **E.** 뉴트럴 글레이즈

레드 비스퀴

화이트초콜릿(칼리바우트)	18g
버터	42g
노른자	63g
설탕A	20g
흰자	90g
설탕B	20g
아몬드파우더	20g
홍국쌀가루	5g
유크림(레스큐어)	15g

1. 화이트초콜릿과 버터를 중탕으로 녹인다.

2. 노른자와 설탕A를 아이보리 색이 날 때까지 휘핑한다.

3. 흰자에 설탕B를 3회 나누어 넣으며 휘핑한다.

4. **3**에 **2**를 넣고 주걱으로 가볍게 섞는다.

5. 체 친 아몬드파우더와 홍국쌀가루를 넣고 섞는다.

6. 유크림을 넣고 섞는다.

1

2

3

4

5

6

7.   **6**의 반죽 소량을 **1**과 섞는다.

8.   남은 **6**과 **7**을 섞는다.

9.   몰드(실리코마트 TAPIS ROULADE 325 × 325)에 채운다.

tip. 스페출러나 스크래퍼 등의 도구를 이용해 평평하게 만든다.

10.   170°C로 예열된 오븐에 12분 굽는다.

11.   구워진 비스퀴는 19 × 4cm 사이즈로 8장 자른다.

12.   남은 비스퀴는 원형 커터(ø 5.5cm)를 사용해 자른다.

tip. 완성한 비스퀴는 한 김 식으면 바로 재단해 사용한다.
      따로 냉동하거나 보관하면 반죽이 수축하고 볼륨감도 줄어드므로 필요한 만큼만 만들어 사용한다.

리치 콩포트

리치 과육	44g
리치 퓌레(브와롱)	94g
설탕	16g
펙틴(선인 펙틴 젤리용)	2g
레몬즙	4g
젤라틴매스	10g

1. 리치 과육을 작게 자른다.

2. 리치 퓌레를 가열한다.

3. 설탕과 펙틴을 넣고 가열한다.

tip. 펙틴은 덩어리지기 쉬우니 미리 설탕과 잘 섞어서 사용한다.

4. 전체적으로 끓어오르면 불을 끄고 레몬즙을 넣는다.

5. 젤라틴매스를 넣고 녹인다.

6. **1**과 **5**를 섞는다.

7. 몰드(실리코마트 SF037)에 90% 채운 뒤 냉동 보관한다. (냉동 2주 보관 가능)

  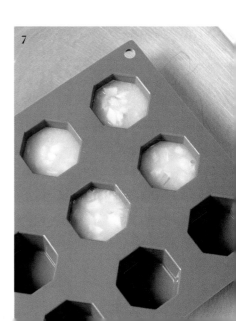

라즈베리 쿨리

냉동 라즈베리	60g
설탕	20g
펙틴(선인 펙틴 젤리용)	0.6g
레몬즙	5g

1. 냉동 라즈베리를 가열한다.

2. 설탕과 펙틴을 넣고 휘퍼로 저어가며 가열한다.

tip. 펙틴은 덩어리지기 쉬우니 미리 설탕과 잘 섞어서 사용한다.

3. 전체적으로 끓어오르면 불을 끄고 레몬즙을 넣는다.

4. 얼려둔 리치 콩포트 위로 가득 채운다. (냉동 2주 보관 가능)

tip. 스패출러를 사용해 평평하게 정리한다.

뉴트럴 글레이즈*

물	50g
설탕	100g
물엿	150g
젤라틴매스	55g
레몬즙	18g

1. 물, 설탕, 물엿을 105°C까지 가열한다.

2. 불에서 내린 뒤 젤라틴매스와 레몬즙을 넣고 섞는다.

3. 표면에 랩을 밀착한 뒤 12시간 냉장 숙성시킨다.

4. 완성된 글레이즈는 중탕으로 녹여 35~40°C로 사용한다. (냉장 1주 보관 가능)

1   2   3

로즈 가나슈 몽테

유크림(레스큐어)	500g
젤라틴매스	17.5g
화이트초콜릿	137g
(발로나 오팔리스 33%)	
로즈 워터(소사)	7.5g

1. 유크림을 가열한다.

2. 젤라틴매스를 넣고 녹인다.

3. 화이트초콜릿에 **2**를 넣어 섞는다.

4. 로즈 워터를 넣고 섞는다.

5. 핸드블렌더로 블렌딩한다.

6. 표면을 랩으로 밀착하고 냉장고에서 12시간 이상 숙성시킨다.

7. 사용하기 전 단단하게 휘핑한다. (냉장 3일 보관 가능)

몽타주 ①

1. 19×4cm로 자른 레드 비스퀴를 몰드(실리코마트 SF028) 안쪽으로 두른다.

tip. 비스퀴의 매끈한 면이 바깥쪽으로 가도록 두른다.

2. 머들러를 사용해 원형 커터로 자른 레드 비스퀴로 바닥을 채운다.

3 휘핑한 로즈 가나슈 몽테를 50% 파이핑한다.

4. 얼린 리치 콩포트 & 라즈베리 쿨리를 중앙에 넣는다.

tip. 라즈베리 쿨리가 바닥 쪽으로 향하게 팬닝해야 단면이 깔끔하게 완성된다.

5. 로즈 가나슈 몽테를 가득 채운다.

리치 콩포트

라즈베리 쿨리

6. 스패출러를 사용해 깔끔하게 정리한 뒤 12시간 이상
냉동 보관한다.

7. 남은 로즈 가나슈 몽테는 원형깍지(∅ 15mm)를 이용해
물방울 모양(∅ 5.5cm)으로 파이핑한 뒤 12시간 이상
냉동 보관한다.

tip. 원형 커터(∅ 5.5cm)에 로즈 가나슈 몽테를 살짝 묻혀 매트 위에
찍어주면 간편하게 가이드 라인을 그릴 수 있다.
파이핑하는 크림은 과하게 휘핑하면 기포가 생겨 표면이 매끈하지
않으므로, 주걱으로 충분히 풀어준 뒤 파이핑한다.

몽타주 ②

뉴트럴 글레이즈*	적당량
말린 장미	적당량

1. 물방울 모양으로 파이핑해 얼린 로즈 가나슈 몽테에 중탕한 뉴트럴 글레이즈를 코팅한다.

2. 무스는 틀에서 분리한다.

3. **2**에 **1**을 중심을 맞춰 올린다.

4. 말린 장미를 올려 마무리한다.

SUMMER

여름

Baba exotic

바바 이그조틱

'바바 오 럼'은 제가 프렌치 레스토랑에 일하던 시절, 가장 인상 깊게 경험한 디저트입니다. 바짝 마른 브리오슈를 럼 시럽에 푹 적셔 스푼으로 떠 먹는 이 독특한 디저트. 제가 처음 이 제품을 알게 된 때에는 국내에 바바 오 럼을 판매하는 곳도 흔치 않았고, 그만큼 찾는 사람도 많지 않아서 판매되지 않고 남을 때가 많았는데요. 항상 남은 제품은 제 차지일 정도로 좋아하던 제품이었습니다.

전통적인 바바 오 럼은 알코올이 그대로 느껴질 정도의 강한 럼주를 사용하지만, 많은 분들이 편하게 바바 오 럼을 접하고 즐길 수 있으면 좋겠다는 생각으로 럼의 양을 많이 줄이고 여름에 어울리는 과일들을 이용해 이국적으로 만들어 본 제품입니다.

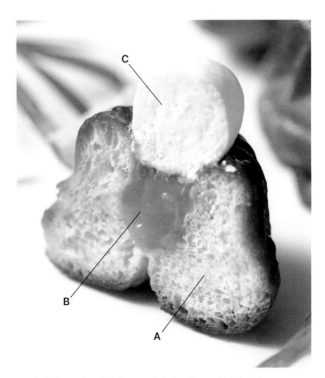

A. 바바 반죽 + 레몬 앵비바주 **B.** 패션 망고 겔 **C.** 라임 샹티이

바바 반죽

강력분	225g
설탕	20g
소금	2.5g
우유	100g
달걀	125g
드라이이스트	5g
(사프 드라이이스트 레드)	
버터	50g

1. 스탠드 믹서 볼에 강력분, 설탕, 소금을 넣고 훅을 이용해 가볍게 섞는다.

2. 우유와 달걀은 중탕으로 35~40°C로 데워준 뒤 드라이이스트를 섞는다.

3. **1**에 **2**를 넣으며 중속으로 믹싱한다.

4. 가루에 수분이 충분히 흡수되어 믹싱볼의 옆면이 깨끗해지면 실온 상태의 버터를 넣고 믹싱한다.

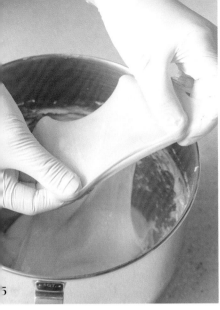

5. 반죽을 천천히 늘렸을 때 구멍이 나지 않고 매끈하게 늘어나면 믹싱을 종료한다.

6. 온도 27°C, 습도 75% 상태의 발효실에서 젖은 행주를 덮은 상태로 25분 발효한다.

tip. 발효기가 없을 때는 따뜻한 물컵을 오븐에 넣어 온도와 습도를 맞춰 발효한다.

7. 짤주머니를 이용해 몰드(실리코마트 SF058)에 40g씩 채우고 2차 발효를 20분 진행한다.

8. 반죽이 마르지 않도록 젖은 수건을 올려 몰드 안 선 높이까지 올라오도록 발효한다.

9. 180°C로 예열된 오븐에 8분 굽고, 색이 나면 틀 제거한 뒤 추가로 12분 굽는다.
    (냉동 2주 보관 가능)

tip. 실리콘몰드를 사용하면 구움색이 진하게 나오기 어려우므로, 반죽이 완전히 부풀고 구움색이 나기
시작하면 몰드에서 분리해 구워 완전한 구움색이 나도록 한다.

패션 망고 겔

망고 퓌레(브와롱)	100g
패션프루트 퓌레 (브와롱)	100g
설탕	20g
아가아가	2g

1. 망고 퓌레와 패션프루트 퓌레를 함께 가열한다.

2. 따뜻해지면 설탕과 아가아가를 넣고 가열한다.

3. 완전히 끓어오르면 볼에 옮겨 담고 밀착 랩핑해 냉장 보관한다.

4. 단단하게 굳은 겔은 핸드블렌더로 블렌딩한다.

5. 체에 내려 사용한다. (냉장 1주 보관 가능)

1

2

3

4

5

레몬 앵비바주

물	360g
설탕	360g
레몬 껍질	234g
다진 생강	5g
화이트 럼(바카디)	28g

1. 물과 설탕을 함께 끓여 설탕이 완전히 녹도록 가열한다.

2. 설탕이 녹고 완전히 끓어오르면 불을 끄고 나머지 재료를 넣는다.

3. 랩으로 감싸 재료의 향이 날아가지 않도록 보관한다. (냉장 1주 보관 가능)

라임 샹티이

설탕	30g
라임 제스트	0.5g
유크림(레스큐어)	200g
마스카르포네	100g
(엘르앤비르)	

1. 설탕에 라임 제스트를 넣고 잘 섞은 뒤 랩핑하고 30분간 두어 라임의 향이 설탕에 잘 배어들도록 한다.

tip. 설탕 위에서 라임 제스트를 갈아주어, 라임 껍질의 오일 아로마가 설탕에 스며들게 한다.

2. **1**과 모든 재료를 함께 단단한 상태로 휘핑한다. (냉장 2일 보관 가능)

몽타주

데코젤 미로와   적당량

1. 냉동 상태의 바바를 차가운 레몬 앙비바주에 완전히 잠기도록 한 뒤 냉장고에서 12시간 숙성시킨다.

2. 바바를 건져 체에 올려 여분의 시럽이 빠지게 한 뒤 트레이로 옮긴다.

tip. 바바 바닥면의 수평이 맞지 않을 경우, 칼을 사용하여 바닥을 살짝 깎아내어 수평을 맞춘다.

3. 바바 표면에 살짝 데운 데코젤 미로와를 얇게 바른다.

1-1

1-2

2

3

4. 바바 중앙에 패션 망고 겔을 가득 파이핑한다.

5. 휘핑한 라임 샹티이를 끄넬 모양으로 떠서 올린다.

Berry & cheese

베리 & 치즈

클레어 파티시에가 위치한 일산 백석동은 프티 갸또를 판매하는 곳을 찾기 어려운데요. 구움과 자나 프렌차이즈 케이크가 주를 이루는 이곳에서 손님들은 때때로 티라미수나 치즈케이크 같은 우리가 흔히 접하는 대중적인 케이크를 찾으셨어요.

긴 고민 끝에 일반적인 치즈케이크를 조금 클레어답게 풀어보면 어떨까?하는 생각이 들었고, 꾸덕한 치즈케이크보다는 부드럽게 입안에서 녹아드는 크림치즈 무스로, 치즈케이크 위로 흘러내리는 베리 콩포트를 무스 속으로, 그리고 전체적으로 간결한 비주얼로 변형시켰어요. 같은 레시피로 홀케이크도 판매하며 일 년 내내 사랑받는 제품이 되었습니다.

A. 통밀 크루스티앙 B. 베리 인서트 C. 크림치즈 무스
D. 뉴트럴 글레이즈 E. 화이트 럼 가나슈 몽테

통밀 크루스티앙

블론드초콜릿	36g
(발로나 둘세 35%)	
다이제(통밀)	65g
파에테 포요틴	30g
(칼리바우트)	

1. 블론드초콜릿을 중탕으로 녹인다.

2. **1**에 모든 재료를 섞어 한 덩어리로 만든다.

tip. 다이제는 잘게 부셔서 사용한다.
덩어리로 잘 뭉쳐지지 않는 경우 여분의 초콜릿을 더하여 뭉친다.

3. 크루스티앙을 몰드(실리코마트 SF055)에 15g씩 채운 뒤 두께가 균일하게 펼친다.

4. 완성된 통밀 크루스티앙은 냉동 보관한다. (냉동 2주 보관 가능)

1

2

3

4

베리 인서트

냉동 베리	100g
(트리플 베리 믹스)	
라즈베리 퓌레(브와롱)	80g
레드커런트 퓌레(브와롱)	35g
설탕	35g
펙틴(선인 펙틴 젤리용)	5g
젤라틴매스	14g
프람보아즈 리큐르	8g
(디종 프람보아즈)	

1. 냄비에 냉동 베리, 라즈베리 퓌레, 레드커런트 퓌레를 넣고 가열한다.

2. 김이 올라오고 45℃가 되면 설탕과 펙틴을 넣고 휘퍼로 저어가며 가열한다.

tip. 펙틴은 덩어리지기 쉬우니 미리 설탕과 잘 섞어서 사용한다.

3. 전체적으로 끓으면 불에서 내려 젤라틴매스와 프람보아즈 리큐르를 넣고 섞는다.

4. 트레이(22.5×15.5cm)에 부어 펼친 뒤 냉동고에서 완전히 굳힌다.

tip. 트레이 바닥면에 OPP 필름을 깔아 분리가 쉽도록 한다.

5. 굳은 베리 인서트는 5.5×3cm 크기로 자른다. (냉동 2주 보관 가능)

6. 장식용 베리 인서트도 같은 레시피(1/2 배합)로 동일하게 제작한다. 몰드(실리코마트 SF257)에 가득 채워 냉동고에서 완전히 굳힌다.

크림치즈 무스

우유	45g
설탕	41g
젤라틴매스	21g
크림치즈(칸디아)	109g
유크림(레스큐어)	164g

1. 우유와 설탕을 함께 가열한다.

2. 김이 나기 시작하면 불을 끄고 젤라틴매스를 넣고 녹인다.

3. 실온 상태의 부드러운 크림치즈에 **2**를 조금씩 나누어 넣으며 휘퍼로 섞는다.

tip. 크림치즈는 미리 휘퍼로 부드럽게 풀어 사용해 덩어리지지 않도록 한다.

4. 유크림은 70%로 휘핑한다.

5. **3**이 30℃까지 식으면 **4**에 3회에 나누어 넣으며 섞는다.

6. 몰드(실리코마트 SF055)에 완성된 무스를 50% 채운다.

tip. 주걱을 사용해 몰드 바닥면 가장자리까지 빈 공간이 없도록 작업한다.

7. 베리 인서트를 중앙에 넣는다.

8. 남은 공간의 90%까지 크림치즈 무스를 채운다.

9. 통밀 크루스티앙을 올린 뒤 냉동 보관한다. (냉동 2주 보관 가능)

tip. 크루스티앙의 매끈한 면이 무스의 바닥이 되도록 넣는다.
가장자리로 올라온 무스는 스패출러를 사용해 깔끔하게 정리한다.

뉴트럴 글레이즈

물	50g
설탕	100g
물엿	150g
젤라틴매스	55g
레몬즙	18g

1. 물, 설탕, 물엿을 105°C까지 가열한다.

2. 불에서 내린 뒤 젤라틴매스와 레몬즙을 넣고 섞는다.

3. 표면에 랩을 밀착한 뒤 12시간 이상 냉장 숙성시킨다.

tip. 완성된 글레이즈는 중탕으로 녹여 사용한다. (냉장 1주 보관 가능)

1

2

3

화이트 럼 가나슈 몽테

유크림(레스큐어)	100g
화이트초콜릿	27.5g
(발로나 오팔리스 33%)	
젤라틴매스	3.5g
화이트 럼(바카디)	5g

1. 유크림을 45°C까지 가열한다.

2. 반쯤 녹인 화이트초콜릿과 젤라틴매스에 **1**을 섞는다.

tip. 화이트초콜릿은 전자레인지에서 30초 단위로 짧게 끊어가며 절반 정도 녹여 사용한다.

3. 화이트 럼을 넣고 핸드블렌더로 블렌딩한다.

4. 표면을 랩으로 밀착하고 냉장고에서 12시간 이상 숙성시킨다.

5. 사용하기 전 단단하게 휘핑한다. (냉장 4일 보관 가능)

4

5

몽타주

블루베리	적당량
금박	적당량

1. 뉴트럴 글레이즈를 중탕으로 35~40℃로 맞춘다.

2. 채반을 준비하고 크림치즈 무스를 올린 뒤 녹인 **1**을 부어 코팅한다.

3. 뉴트럴 글레이즈가 윗면에 고이지 않도록 스패출러를 사용하여 평평하게 정리한 뒤 트레이에 옮긴다.

4. 별깍지(D6K)를 이용해 무스 윗면에 화이트 럼 가나슈 몽테를 파이핑한다.

5. 장식용 베리 인서트를 이쑤시개를 사용해 뉴트럴 글레이즈에 코팅한 뒤 올린다.

6. 절반으로 자른 블루베리와 금박을 올려 마무리한다.

1

2

4

5

6

Été

에떼

저는 여름을 생각하면 상큼함이 가장 먼저 떠오릅니다. 프랑스어로 여름을 뜻하는 '에떼'는 상큼한 디저트의 대명사인 레몬 타르트를 변형해 만들어 본 제품입니다.

레몬의 강한 맛과 산미를 중화시켜 주기 위해 묵직한 버터의 향이 강하게 느껴지는 사블레 브르통을 베이스로 사용했습니다. 그리고 여름과 어울리는 상쾌한 민트를 크레뫼와 머랭에 더해 달걀의 비릿함을 잡아주고, 제품 전반에 시원한 향을 불어넣어 주었습니다.

노란 레몬 크림과 하얀 민트 머랭의 색이 대비되어서 쇼케이스 안에서도 강한 존재감을 나타내는 제품입니다.

A. 사블레 브르통 B. 민트 크레뫼 C. 레몬 크림 D. 민트 이탈리안 머랭
E. 레몬 콩피 F. 초콜릿 디스크

사블레 브르통

버터	112.5g
설탕	97.5g
소금	0.75g
노른자	45g
중력분	150g
베이킹파우더	8.25g
레몬 제스트	0.5g

1. 실온 상태의 버터를 부드럽게 푼다.

2. 설탕과 소금을 넣고 아이보리 색이 날 때까지 빠르게 믹싱한다.

3. 노른자를 3회에 나누어 섞는다.

4. 체 친 중력분과 베이킹파우더, 레몬 제스트를 넣고 주걱으로 가르듯이 섞는다.

5. 완성된 반죽은 랩핑한 뒤 12시간 정도 휴지시킨다.

6. 두께 0.5cm로 밀어 편 뒤 냉동 보관한다. (냉동 2주 보관 가능)

tip. 파이 롤러를 사용하거나, 두께 0.5cm의 각봉을 양쪽에 대고 일정하게 밀어 편다.
롤 비닐 사이에 반죽을 넣고 밀어 펴면 덧가루 없이 손쉽게 작업할 수 있다.

1

2

3

4

5

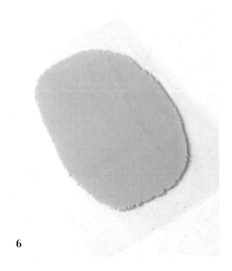

6

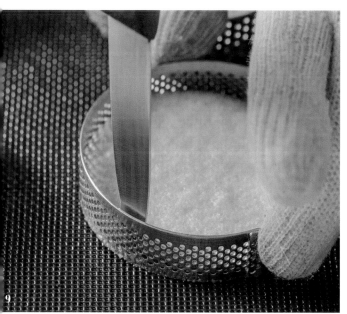

7. 타공 타르트링(ø 8cm)을 이용해 반죽을 자른다.

8. 타르트링이 끼워진 상태로 철판에 팬닝한다.

9. 170℃로 예열된 오븐에 12분 굽는다.

tip. 철판에 타공 매트를 깔아 제품을 구우면 제품 표면에 불규칙하게 부풀어 오르는 것을 막을 수 있다.
　　굽고 나온 직후에 타르트 옆면을 칼로 살짝 긁어 쉽게 반죽이 떨어지도록 한다.

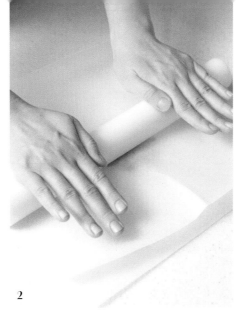

민트 크레뫼

우유	120g
유크림(레스큐어)	60g
민트	2g
설탕	40g
노른자	72g
젤라틴매스	21g
화이트초콜릿	102g
(발로나 오팔리스 33%)	

1. 우유와 유크림을 김이 날 때까지 가열한다.

2. 종이호일 사이에 민트와 설탕을 넣고 밀대로 으깨듯 밀어 펴 설탕에 민트의 향이 충분히 배도록 한다.

tip. 이 방법은 민트를 잘게 자르는 것보다 향이 더 잘 우러나고, 손쉽게 작업이 가능하다.

3. 노른자와 **2**를 가볍게 섞는다.

4. **3**에 **1**을 부어 섞는다.

tip. 뜨거운 우유가 한 번에 닿으면 노른자가 익을 수 있으므로 우유를 조금씩 나누어 섞는다.

5. 다시 냄비로 옮겨 82~83℃까지 가열해 앙글레이즈를 만든다.

tip. 휘퍼를 사용하면 거품이 생겨 온도와 상태를 정확하게 판단하기 힘드므로 주걱을 이용한다.

6. 젤라틴매스를 넣고 녹인다.

7. 화이트초콜릿에 **6**을 체에 걸러 넣는다.

8. 핸드블렌더로 블렌딩한다.

9. 몰드(실리코마트 SQ077)에 가득 차도록 채운 뒤 냉동 보관한다. (냉동 2주 보관 가능)

레몬 크림

설탕	45g
레몬 제스트	0.625g
달걀	45g
레몬즙	29.25g
젤라틴매스	3.5g
버터	58.375g

1. 설탕에 레몬 제스트를 넣고 잘 버무려 랩핑한 뒤 30분간 그대로 두어 향이 배어들도록 한다.

tip. 설탕 위에서 레몬 제스트를 갈아주어 레몬껍질의 오일 아로마가 설탕에 스며들게 한다.

2. 달걀에 **1**을 넣고 섞는다.

tip. 수분을 응집하는 설탕의 성질 때문에 달걀이 쉽게 덩어리질 수 있으므로 설탕을 넣은 뒤에는 휘퍼를 이용해 빠르게 섞는다.

3. 레몬즙을 김이 날 때까지 가열한다.

4. **2**에 **3**을 조금씩 넣으며 섞는다.

1

2

3

4

5. 다시 냄비에 옮겨 주걱으로 바닥이 타지 않게 저으며 가열한다.

tip. 레몬의 강한 산성분 때문에 스테인리스 휘퍼를 사용하면 쇠 맛 같은 비린맛이 느껴질 수 있으므로
주걱으로 작업한다.

6. 크림이 되직하게 변하고 냄비 중앙 부분이 끓기 시작하면 불에서 내려 젤라틴매스를 넣고 녹인다.

tip. 불에서 내리더라도 냄비에 남아 있는 잔열로 인해 크림이 계속 가열되므로 주걱으로 바닥을 계속 젓는다.

7. 체에 내린다.

8. 40℃까지 식힌 뒤 실온 상태의 버터를 넣고 핸드블렌더로 블렌딩한다.

9. 표면을 랩으로 밀착하고 냉장고에서 12시간 이상 숙성시킨다. (냉장 3일 보관 가능)

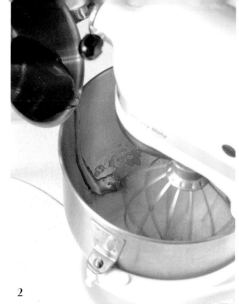

민트 이탈리안 머랭

물	37g
설탕	150g
흰자	55g
모히또 시럽(모닌)	9g
민트	2g

1. 물과 설탕을 118°C까지 가열한다.

2. 믹싱볼에서 흰자를 가볍게 휘핑한 뒤 벽면으로 **1**을 조금씩 흘리며 단단한 상태로 휘핑해 머랭을 만든다.

tip. 머랭이 올라오는 모습을 관찰하며 시럽 넣는 속도를 조절한다.

3. 머랭의 완성되면 모히또 시럽과 잘게 다진 민트를 넣고 가볍게 휘핑한다.

tip. 시럽이 들어가면 머랭이 무거워질 수 있으므로 최소한의 휘핑으로 마무리한다.
완성된 머랭은 시간이 지나면 시럽이 새어 나오므로 바로 사용하는 것이 가장 좋으며,
남은 머랭은 냉동고에 2일 정도 보관하며 사용할 수 있다.

레몬 콩피

레몬 껍질	18g
레몬즙	70g
설탕	54g

1. 필러를 이용해 레몬 껍질을 얇게 벗긴다.

2. 레몬 껍질에 붙어 있는 흰 섬유질 부분을 칼을 이용해 잘라낸 뒤, 남은 껍질 부분만 채 썬다.

tip. 흰 섬유질 부분이 들어가면 쓴맛이 날 수 있으므로 제거한 뒤 사용한다.

3. 모든 재료를 냄비에 넣고 껍질이 투명해지도록 약한 불에 가열한다.

4. 완성된 콩피는 시럽과 함께 저장 용기에 옮겨 담고 표면을 랩으로 밀착해 냉장 보관한다.
   (냉장 2주 보관 가능)

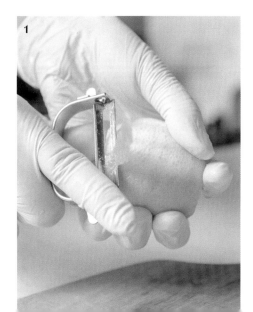

초콜릿 디스크

화이트초콜릿	적당량
(칼리바우트)	
노란색 지용성 색소	적당량

1. 화이트초콜릿에 색소를 섞어 템퍼링한다. (269p 참고)

2. 초콜릿 전용 투명 전사지에 부은 뒤 투명 전사지를 덮고 스패출러를 이용해 평평하게 밀어 편다.

3. 초콜릿이 반쯤 굳었을 때 원형 커터(ø 7.5cm, ø 5.5cm)를 이용해 원형링 모양으로 자른다. (냉장 2주 보관 가능)

1

2

3-1

3-2

몽타주

1. 사블레 브르통 위에 민트 크레뫼를 올린다.

2. 민트 크레뫼 위에 원형깍지(ø 11mm)를 사용해 레몬 크림을 파이핑한다.

3. 동일한 깍지를 이용해 민트 이탈리안 머랭을 파이핑한다.

4. 레몬 크림 사이사이에 적당한 크기로 자른 레몬 콩피를 올린다.

5. 초콜릿 디스크를 올려 마무리한다.

Korean melon tart

참외 타르트

참외는 초여름부터 출하되어 여름의 시작을 알리는 과일입니다. 수분이 많은 참외는 씨 부분을 제거하면 아삭하고 시원한 맛은 물론 갈증까지 사라지는데, 이런 참외의 산뜻한 맛을 제품에 담아 초여름의 신선함을 표현하고 싶었습니다.

참외는 향이 강한 과일이 아니어서 끓이거나 크림 형태로 만들기보다는 과일을 썰어내 거의 생과일처럼 느껴지도록 만들고 싶었고, 산뜻한 참외의 향을 돋보이게 해줄 유자와 딜을 함께 사용해 향을 끌어올렸습니다.

참외는 수분이 많아 냉동하고 해동하는 과정에서 수분이 많이 빠져나오는데, 설탕에 가볍게 절여 수분을 1차적으로 제거했으며, 제품이 완성되었을 때 혹시라도 다시 생길 수 있는 수분은 타르트 바닥의 크렘 다망드가 흡수해 수분도 잡고 참외의 향도 가둘 수 있도록 만들었습니다.

A. 파트 슈크레 **B.** 크렘 다망드 **C.** 딜 가나슈 몽테
D. 참외 & 유자 인서트 **E.** 참외 콩피

파트 슈크레

버터	125g
슈거파우더	80g
소금	1g
아몬드파우더	30g
달걀	45g
박력분	210g

1. 실온 상태의 버터를 부드럽게 푼다.

2. 슈거파우더와 소금을 넣고 아이보리 색이 날 때까지 믹싱한다.

3. 체 친 아몬드파우더를 넣고 섞는다.

4. 달걀을 3회에 나누어 섞는다.

tip. 실온 상태의 달걀을 사용한다.

5. 체 친 박력분 1/2을 넣고 전체적으로 섞어준 뒤, 나머지 박력분을 넣고 섞는다.

tip. 가루가 쉽고 빠르게 섞일 수 있도록 나누어 섞는다.

6. 완성된 반죽은 랩핑한 뒤 냉장고에서 12시간 휴지시킨다.

1

2

3

4

5

6

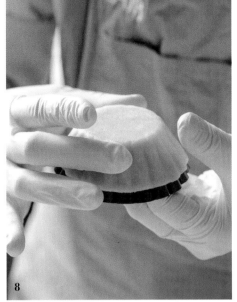

7. 휴지한 반죽은 두께 2mm로 밀어 펴 냉동한 뒤, 원형 커터(ø 9.7cm)로 자른다.

tip. 파이롤러를 사용하거나, 두께 2mm의 각봉을 양쪽에 대고 일정하게 밀어 편다.
롤 비닐 사이에 반죽을 넣고 밀어 펴면 덧가루 없이 손쉽게 작업할 수 있다.

8. 타르트 틀(매트퍼 EXOPAN 브리오슈 18주름 75mm)을 뒤집은 뒤 반죽을 올려 밀착시킨다.

tip. 틀 자체에 코팅이 되어 있어서 따로 이형제를 바르지 않아도 된다.

9. 타르트 반죽 위로 여분의 틀을 덮어준 뒤 160℃로 예열된 오븐에 10분 굽는다.

10. 덮어 주었던 타르트 틀을 제거한 뒤 추가로 5분 굽는다.

11. 안쪽 셸에 달걀물을 칠하고 추가로 5분 굽는다.

12. 틀을 제거한 뒤 바깥쪽 셸에 달걀물을 칠하고 추가로 5분 굽는다. (냉동 2주 보관 가능)

tip. 반죽이 구움색을 띤 뒤 타르트 틀을 제거하면 모양이 뒤틀어지는 것을 막을 수 있다.
냉동한 타르트 셸을 사용할 때는 170℃로 예열된 오븐에 3분간 해동한 뒤 사용한다.

1

2

3

크렘 다망드

버터	50g
슈거파우더	50g
아몬드파우더	50g
달걀	50g

1. 실온 상태의 버터를 부드럽게 푼다.

2. 체 친 슈거파우더를 넣고 아이보리 색이 날 때까지 믹싱한다.

3. 체 친 아몬드파우더를 넣고 가볍게 섞는다.

4. 달걀을 3회에 나누어 섞는다.

tip. 실온 상태의 달걀을 사용한다.

5. 타르트 셸에 15g씩 파이핑한다.

6. 160°C로 예열된 오븐에 13분 굽는다. (냉동 2주 보관 가능)

4

5

6

딜 가나슈 몽테

우유	47g
화이트초콜릿	71g
(발로나 오팔리스 33%)	
젤라틴매스	11g
유크림(레스큐어)	101g
딜	3줄기

1. 우유를 45°C까지 가열한다.

2. 화이트초콜릿과 젤라틴매스에 **1**을 부어 섞는다.

3. 유크림을 40°C까지 데운 뒤 **2**에 나누어 섞는다.

4. 잘게 다진 딜을 넣고 핸드블렌더로 블렌딩한다.

tip. 다지지 않은 상태의 딜을 넣고 작업하면 잘 갈리지 않으므로 다진 뒤 사용한다.

5. 표면을 랩으로 밀착하고 냉장고에서 12시간 이상 숙성시킨다.

6. 사용하기 전 단단하게 휘핑한다. (냉장 3일 보관 가능)

1

2

3

4

5

6

유자 딜 겔*

물	75g
유자 원액	28.5g
설탕	45g
아가아가	1.5g
딜	1.5줄기

1. 물과 유자 원액을 따뜻하게 가열한다.

2. 설탕과 아가아가를 잘 섞고 **1**에 넣어 가열한다.

3. 전체적으로 끓으면 볼에 옮겨 담고 표면을 랩으로 밀착하고 냉장고에서 12시간 이상 숙성하며 굳힌다.

4. 완전히 굳은 **3**에 잘게 다진 딜을 넣는다.

5. 핸드블렌더로 블렌딩한다. (냉장 2주 보관 가능)

참외 & 유자 인서트

깍둑썬 참외	170g
설탕	약 1스푼
유자 딜 겔*	90g

1. 참외는 껍질을 벗기고 씨 부분을 제거한 뒤 사방 2cm로 깍둑썰어 설탕과 버무린다.

2. 버무린 참외는 랩핑한 뒤 실온에서 2시간 숙성시킨다.

3. 체에 받쳐 수분을 제거한 뒤 키친타월을 이용해 남은 수분을 제거한다.

tip. 많은 양의 참외로 작업할 경우 수분을 제거하는 시간을 늘린다.

4. 3과 유자 딜 겔을 버무린다.

5. 몰드(실리코마트 SF004)에 100% 채운다. (냉동 2주 보관 가능)

tip. 스패출러를 사용해 깔끔하게 정리한다.

1

2

3

4

5

참외 콩피

참외	1개
설탕	100g
물	200g
오렌지 리큐르	6g
(트리플 섹)	

1. 참외는 반으로 갈라 씨를 제거한 뒤 감자 필러를 이용해 얇게 슬라이스한다.

tip. 색감을 위해 껍질을 제거하지 않고 작업한다.

2. 설탕과 물을 함께 끓여 설탕을 녹인다.

3. 오렌지 리큐르를 넣고 한 김 식힌다.

4. **1**에 **3**을 부어 밀폐용기에 담아 냉장고에서 12시간 이상 숙성시킨다.

tip. 참외의 과육이 부드러워지도록 충분히 숙성시킨다. (냉장 2일 보관 가능)

몽타주

딜   적당량

1. 크렘 다망드가 담긴 타르트 셸에 참외 & 유자 인서트를 넣는다.

2. 휘핑한 딜 가나슈 몽테를 가득 채운다.

3. 수분을 제거한 참외 콩피를 이용해 장식한다.

4. 딜을 올려 마무리한다.

Coco
tropical

코코 트로피컬

'코코 트로피컬'은 뜨거운 여름에 시원한 해변이 떠오를 수 있도록 만든 제품으로, 부드러운 코코넛 무스 안에 상큼한 키위 파인 콩포트가 포인트가 되도록 만들었습니다.

키위와 파인애플, 라임의 조합은 여름과 너무나 잘 어울리는 조합이기 때문에 이 제품에서도 인서트로 사용했는데, 조금은 무겁게 느껴질 수 있는 코코넛 무스를 가볍게 느낄 수 있게 도움을 줍니다.

전체적으로 코코넛의 맛과 향을 느낄 수 있도록 무스 겉면은 코코넛파우더로 감싸고, 코코넛다쿠아즈가 외부로 노출되게 했습니다. 글레이즈 작업을 하거나 초콜릿으로 피스톨레 작업을 하지 않고, 간편하게 코코넛파우더를 입혀 작업성을 높인 제품입니다.

A. 코코넛 다쿠아즈 **B.** 키위 파인 콩포트 **C.** 코코넛 무스

코코넛 다쿠아즈

흰자	184g
레몬즙	3g
설탕	61g
코코넛파우더	122g
아몬드파우더	30g
슈거파우더	153g

1. 흰자에 레몬즙을 넣고 휘핑한다.

2. 설탕을 3회에 나누어 넣으며 단단하게 휘핑한다.

3. 체 친 코코넛파우더, 아몬드파우더, 슈거파우더를 넣고 주걱으로 가르듯이 섞는다.

4. 몰드(실리코마트 TAPIS ROULADE 325×325)에 원형깍지(ø 11mm)를 사용해 일렬로 파이핑한다.

1

2

3

4

5

6

5. 반죽 위에 여분의 슈거파우더를 뿌린다.

6. 200°C로 예열된 오븐에 5분(바람 세기 2단) 구워주고
170°C 오븐에 10분(바람 세기 1단) 굽는다.

7. 원형 커터(ø 5.5cm)를 사용해 자른다. (냉동 2주 보관 가능)

7

키위 파인 콩포트

파인애플 과육	62g
그린키위 과육	57g
라임 제스트	1개
라임즙	29g
설탕A	9g
설탕B	29g
펙틴(선인 펙틴 젤리용)	1g
젤라틴매스	7g

1. 파인애플과 그린키위는 껍질을 제거한 뒤 사방 1cm로 깍둑썬다.

2. **1**에 라임 제스트, 라임즙, 설탕A를 넣고 45℃까지 가열한다.

3. 설탕B와 펙틴을 넣고 낮은 온도로 오랫동안 졸인다.

tip. 펙틴은 덩어리지기 쉬우니 미리 설탕과 잘 섞어서 사용한다.

4. 주걱으로 냄비 바닥을 갈랐을 때 바닥이 보였다가 서서히 덮일 정도가 되도록 되직하게 졸인다.

tip. 폭이 좁고 깊은 냄비는 수분을 날리기 어려우므로 넓은 냄비를 사용해 작업 시간을 줄인다.

5. 젤라틴매스를 넣고 녹인다.

6. 몰드(실리코마트 SF044)에 100% 채운 뒤 냉동고에서 12시간 이상 보관한다. (냉동 2주 보관 가능)

tip. 스패출러를 사용해 깔끔하게 정리한다.

코코넛 무스

코코넛 퓌레(브와롱)	165g
설탕	15g
젤라틴매스	26.5g
유크림	150g

1. 코코넛 퓌레에 설탕을 넣고 끓기 직전까지 가열한다.

2. 젤라틴매스를 넣고 녹인 뒤, 불을 끄고 28℃까지 식힌다.

3. 유크림을 80%로 휘핑한다.

4. **3**에 **2**를 나누어 넣으며 섞는다.

5. 완성된 코코넛 무스는 몰드(파보니 PAVOFLEX PX4384)에 80% 채운다.

tip. 주걱을 사용해 몰드의 빈 부분을 채운다.

6. 키위 파인 콩포트를 중앙에 넣는다.

7. 코코넛 무스를 90% 채워준 뒤 냉동 보관한다. (냉동 2주 보관 가능)

몽타주

코코넛파우더	적당량
라임 제스트	적당량

1. 냉동 상태의 무스 표면을 열풍기를 이용해 살짝 녹인다.

2. 무스 겉면에 코코넛파우더를 묻힌다.

3. **2**를 코코넛 다쿠아즈 위에 올린다.

4. 라임 제스트를 뿌려 마무리한다.

Tomato summer

토마토 썸머

토마토라는 식재료는 달콤한 디저트에 흔히 사용되는 재료는 아닙니다. 대신 세이보리 계열의 디저트나 요리에서 많이 사용되는데, 이 제품은 디저트에서 많이 사용되지 않는 토마토로 이색적인 제품을 만들어보고 싶어 개발하게 된 제품입니다.

토마토 잼을 만들어 토마토의 풍미를 진하게 끌어올리고, 데친 토마토를 올려 토마토 본연의 모양을 살릴 수 있도록 작업했습니다. 토마토는 흔히 치즈나 올리브유를 매칭해 세이보리 제품을 만드는 경우가 많지만, 클레어 파티시에에서는 존재감이 강한 라임 크레뫼를 함께 매칭해 상큼한 여름의 맛이 느껴지는 달콤한 제품으로 완성했습니다.

A. 파트 슈크레 **B.** 라임 크레뫼 **C.** 토마토 잼 **D.** 뉴트럴 글레이즈

파트 슈크레

버터	125g
슈거파우더	80g
소금	1g
아몬드파우더	30g
달걀	45g
박력분	210g

1. 실온 상태의 버터를 부드럽게 푼다.

2. 슈거파우더와 소금을 넣고 아이보리 색이 날 때까지 믹싱한다.

3. 체 친 아몬드파우더를 넣고 섞는다.

4. 달걀을 3회에 나누어 섞는다.

tip. 실온 상태의 달걀을 사용한다.

5

6

7

8

9-1

9-2

5. 체 친 박력분 1/2을 넣고 전체적으로 섞은 뒤, 나머지 박력분을 넣고 섞는다.

tip. 가루가 쉽고 빠르게 섞일 수 있도록 나누어 섞는다.

6. 완성된 반죽은 랩핑한 뒤 냉장고에서 12시간 휴지시킨다.

7. 두께 2mm로 밀어 편 뒤 원형 커터(ø 7.5cm)로 자른다.

tip. 파이롤러를 사용하거나, 두께 2mm의 각봉을 양쪽에 대고 일정하게 밀어 편다.
롤 비닐 사이에 반죽을 넣고 밀어 펴면 덧가루 없이 손쉽게 작업할 수 있다.

8. 오븐 팬에 타공 매트를 깔아주고 반죽을 팬닝한 뒤, 다시 타공 매트를 덮는다.

9. 160°C로 예열된 오븐에 15분 굽는다. (냉동 2주 보관 가능)

tip. 오븐 성능에 따라 굽는 시간에 차이가 있을 수 있으니 구움색을 보고 판단한다.

라임 크레뫼

설탕	145g
라임 제스트	3개
라임즙	67g
레몬 퓌레(브와롱)	31g
달걀	137g
젤라틴매스	13g
버터	214g

1. 설탕과 라임 제스트는 미리 섞어 랩핑한 뒤 30분간 그대로 두어 향이 배어들도록 한다.

2. 라임즙과 레몬 퓌레를 김이 날 때까지 데운다.

3. 달걀에 **1**을 섞은 뒤 **2**를 조금씩 넣으며 섞는다.

4. 냄비로 옮겨 가열하다가 끓기 시작하면 불을 끄고 젤라틴매스를 넣고 녹인다.

tip. 레몬의 강한 산성분 때문에 스테인리스 휘퍼를 사용하면 쇠 맛 같은 비린맛이 느껴질 수 있으므로 주걱으로 작업한다.

5. 40℃까지 식으면 실온 상태의 버터를 넣고 핸드블렌더로 블렌딩한다.

1

2

3-1

3-2

4

5

6-1

6-2

6. 몰드(실리코마트 Oblio95)에 90g씩 채운 뒤 냉동 보관한다.
(냉동 2주 보관 가능)

1-1

1-2

1-5

토마토 잼

전처리한 완숙 토마토	305g
설탕	75g
펙틴(선인 펙틴 젤리용)	2g
소금	한 꼬집
레몬즙	4g
젤라틴매스	9g
바질	5g

토마토 전처리

1. 토마토는 열십자로 칼집을 내고 끓는 물에 살짝 데친 뒤 곧바로 얼음물에 담가 껍질을 제거한다.

tip. 방울토마토, 홀토마토 모두 동일한 방식으로 작업한다.
장식용은 방울토마토를, 토마토 잼용은 완숙 홀톱마토를 사용한다.

토마토 잼

2. 전처리한 토마토는 큼직하게 썰고 냄비에 넣은 뒤 뚜껑을 덮어 약불로 가열한다.

3. 토마토가 쉽게 으스러질 만큼 익으면 토마토를 휘퍼등을 이용해 뭉개준 뒤, 설탕과 펙틴을 잘 섞어서 넣는다.

tip. 펙틴은 덩어리지기 쉬우니 미리 설탕과 잘 섞어서 사용한다.

4. 소금과 레몬즙을 넣고 중불에 계속 끓인다.

2

3

4

7

5. 토마토의 양이 절반으로 줄어들고, 냄비 바닥을 갈랐을 때 바닥이 보였다가 서서히 덮일 정도가
될 때까지 졸인다.

tip. 수분의 양을 날리는 작업이므로 온도보다는 졸아드는 상태를 보며 작업한다.

6. 불을 끄고 젤라틴매스를 넣고 녹인다.

7. 토마토 잼이 완전히 식으면 잘게 다진 바질을 넣고 섞어 랩으로 표면을 밀착한 뒤 냉장 보관한다.
(냉장 1주 보관 가능)

뉴트럴 글레이즈

물	50g
설탕	100g
물엿	150g
젤라틴매스	55g
레몬즙	18g

1. 물, 설탕, 물엿을 105°C까지 가열한다.

2. 불에서 내린 뒤 젤라틴매스와 레몬즙을 넣고 섞는다.

3. 표면에 랩을 밀착한 뒤 12시간 냉장 숙성시킨다.

4. 완성된 글레이즈는 중탕으로 녹여 사용한다. (냉장 7일 보관 가능)

1

2

3

몽타주

방울토마토	적당량

1. 채반을 준비하고 얼린 라임 크레뫼를 올린 뒤 중탕으로 35~40℃로 녹인 뉴트럴 글레이즈를 붓는다.

2. 여분의 뉴트럴 글레이즈가 채반 아래로 떨어지면 파트 슈크레 위로 옮긴다.

3. 중앙의 홈에 토마토 잼을 가득 채운다.

4. 방울토마토를 슬라이스한 뒤, 토마토 잼 위에 올려 마무리한다.

tip. 방울토마토는 160p와 동일한 방식으로 껍질을 제거한 뒤 슬라이스해 사용한다.

1

2

3

4

Harmony -plum

하모니-자두

제철에 가장 맛있게 먹을 수 있는 식재료를 활용한 캐주얼한 플레이팅 디저트 '하모니'의 시리즈 중 하나인 '하모니-자두'입니다.

자두는 여름 내내 마트에서 쉽게 찾아볼 수 있어서 제철이 긴 과일처럼 느껴지지만, 사실 다양한 품종이 시기에 따라 다르게 출하되는 과일입니다. 각각의 품종은 맛과 향은 물론 빛깔까지 조금씩 다른데, 하모니-자두에 사용되는 자두는 7월 초중순에 쉽게 구할 수 있는 '후무사'라는 품종을 사용했습니다. 다른 품종에 비해 당도는 조금 약하게 느껴질 수 있지만 풍부한 산미와 과즙이 그라니따로 만들기에 알맞아 이 품종을 사용했습니다.

여름의 뜨거움이 잊힐 만큼 상큼하고 시원한 과육이 매력적인 자두에 시소, 라임, 엘더플라워를 더해 여름에 가장 잘 어울리는 플레이팅 디저트로 만들었어요. 자두는 과육과 껍질을 그대로 갈아 자두의 맛과 향을 그대로 뽑아냄과 동시에 자두 껍질의 붉은빛 또한 살아 있어 심심하지 않은 비주얼로 완성한 메뉴입니다.

A. 자두 & 시소 그라니따 B. 엘더플라워 & 라임 아이스 머랭
C. 포치드 플럼

자두 & 시소 그라니따

자두	5개
시소	7장
복숭아향 홍차 티백을 우린 물(타바론 썸머 피치)	80g
레몬즙	5g

1. 자두는 껍질이 있는 상태에서 씨만 제거한 후 핸드블렌더로 곱게 간다.

2. 잘게 다진 시소 잎을 넣고 블렌딩한다.

tip. 다지지 않은 상태의 시소 잎을 넣고 작업하면 잘 갈리지 않으므로 칼로 다진 뒤 사용한다.

3. 복숭아향 홍차 티백을 우린 물을 **2**에 조금씩 넣으며 섞는다.

tip. 미지근한 물 100ml에 티백 1개를 넣고 냉장고에서 하루 정도 냉침한다.

4. 레몬즙을 넣고 섞는다.

tip. 자두의 당도와 산미에 따라 **3**, **4**의 양을 조절해 사용한다.

5. 완성된 그라니따를 넓은 스탠볼에 담아 냉동한다.

6. 냉동실에 두고 위아래가 고르게 섞이고 입자가 작아질 때까지 2시간마다 포크로 긁어가며 (약 3~4회) 그라니따를 완성한다. (냉동 2주 보관 가능)

1

2

3

4

5

6

엘더플라워 & 라임 아이스 머랭

물A	100g
설탕A	80g
엘더플라워 리큐르	35g
(디카이퍼)	
라임즙	35g
난백파우더	5g
설탕B	8g
물B	14g
젤라틴매스	10.5g
라임 제스트	1개

1. 물A와 설탕A, 엘더플라워 리큐르, 라임즙, 난백파우더를 한 번에 넣고 휘핑한다.

2. 설탕B, 물B를 가열한다.

3. 설탕이 녹으면 젤라틴매스를 넣고 녹인 뒤 불을 끄고 시럽을 차갑게 식힌다.

tip. 시럽을 식히는 과정에서 덩어리지지 않도록 계속 저어가며 식힌다.

4. **1**에 **3**을 조금씩 흘려 넣으며 100%로 휘핑한다.

5. 머랭이 100% 올라오면 넓은 팬에 평평하게 펼치고 표면에 라임 제스트를 뿌린 뒤 냉동한다.
   (냉동 1주 보관 가능)

tip. 팬닝한 뒤 굳힌 모양대로 떠서 플레이팅할 것이므로, 두께를 일정하게 맞추고
라임 제스트를 균일하게 뿌린다.

포치드 플럼

자두	2개
복숭아향 홍차 티백을 우린 물(타바론 썸머 피치)	200g
설탕	60g

1. 자두는 씨만 제거해 반으로 자른 상태로 준비한다.

2. 복숭아향 홍차 티백을 우린 물과 설탕을 가열한다.

tip. 미지근한 물 220g에 티백 2개를 넣고 냉장고에서 하루 정도 냉침한 뒤 사용한다.

3. 불에서 내려 시럽을 완전히 식힌 뒤 자른 자두에 붓는다.

4. 떠오르면 시럽이 충분히 침투하지 않으므로 표면에 종이호일을 덮어 냉장 보관한다.
   (냉장 2일 보관 가능)

1

2

3

몽타주

1. 접시에 아이스 머랭을 적당량 올린다.

tip. 접시는 냉동실에 넣어 차갑게 사용한다.

2. 아이스 머랭 옆에 자두 & 시소 그라니따를 올린다.

tip. 냉동실의 그라니따는 단단한 덩어리 상태이므로 충격을 주어 포크로 갈아준 형태로 부서지도록
만들어 접시에 올린다.

3. 포치드 플럼을 작게 잘라 그라니따 위에 올린다.

4. 포치드 플럼 위에 다시 자두 & 시소 그라니따를 올린다.

5. 먹기 좋은 크기로 자른 포치드 플럼을 올려 마무리한다.

1

2

3

4

5

AUTUMN

가을

Pear verrine

가을배 베린

작은 유리병에 다양한 재료를 차곡차곡 쌓아 올리는 디저트를 뜻하는 베린은 여러모로 활용하기에 정말 좋은 제품입니다.

일반적인 갸또는 인서트가 안에 숨겨져 있어서 겉만 봐서는 그 맛을 유추하기 힘들 수 있지만, 베린은 층층이 나뉜 인서트가 눈으로 보여서 맛을 유추하기가 쉽다는 장점이 있습니다. 또한 유리병 안에 담는 제품의 특성상, 재료가 흐트러지는 것에 대한 걱정이 줄어들어서 다양한 시도가 가능합니다.

이 가을배 베린은 가을에 제철을 맞는 배를 이용해 만들어 보았습니다. 생배를 큼지막하게 썰어서 달콤한 과일 샐러드처럼 느끼게 하고 싶었는데요. 배와 잘 어울리는 둘세 초콜릿과 메이플을 함께 매칭하여 완성했습니다.

A. 둘세 가나슈 몽테 **B.** 시나몬 크럼블 **C.** 배 & 사과 겔 + 배 다이스
D. 메이플 바바루아 + 무화과 글레이즈 **E.** 시나몬 머랭

둘세 가나슈 몽테

유크림(레스큐어)	200g
블론드초콜릿	55g
(발로나 둘세 35%)	
젤라틴매스	12g
오렌지 코냑(쉐프루이스)	4g

1. 유크림을 45℃까지 가열한다.

2. 블론드초콜릿과 젤라틴매스에 **1**을 넣어 섞어 녹인다.

3. 오렌지 코냑을 넣고 핸드블렌더로 블렌딩한다.

4. 표면을 랩으로 밀착하고 냉장고에서 12시간 이상 숙성시킨다.

5. 사용하기 전 단단하게 휘핑한다. (냉장 1주 보관 가능)

1

2

5

4

5

1

2

3

시나몬 크럼블

버터	40g
설탕	42g
아몬드파우더	42g
박력분	50g
시나몬파우더	3g

1. 실온 상태의 버터를 부드럽게 푼다.

2. 설탕을 넣고 믹싱한다.

3. 체 친 아몬드파우더, 박력분, 시나몬파우더를 넣고 주걱으로 가르듯 섞는다.

4. 날가루가 보이지 않으면 가볍게 치대 한 덩어리로 뭉쳐 랩핑한 뒤 냉장고에서 12시간 휴지시킨다.

5. 타공팬에 휴지시킨 반죽을 올리고 스크래퍼로 밀어 펴듯 내려 크럼블 형태로 만든다.

6. 철판에 펼쳐진 그대로 랩핑하거나 밀폐용기에 담아 냉장고에서 1시간 휴지시킨 뒤,
   170℃로 예열된 오븐에 10분 굽는다. (냉동 2주 보관 가능)

tip. 구워져 나온 직후 주걱으로 섞어주면 식은 후에도 덩어리지지 않는다.

4

5

6

배 & 사과 겔

배 퓌레(브와롱)　　100g
사과주스❖　　　　50g
설탕　　　　　　　7g
아가아가　　　　　2.5g
레몬즙　　　　　　5g

❖ 사과주스는 시판 사과 주스
　또는 사과의 즙을 낸 것 모두
　사용 가능하다.

1. 배 퓌레와 사과주스를 가열한다.

2. 설탕과 아가아가를 잘 섞어 **1**에 넣고 가열한다.

3. 표면을 랩으로 밀착하고 냉장고에서 12시간 이상 숙성시킨다.

4. 완전히 굳으면 레몬즙을 넣고 핸드블렌더로 블렌딩한다. (냉장 1주 보관 가능)

메이플 바바루아 (14개 분량)

우유	125g
메이플 시럽	8g
노른자	30g
설탕	20g
젤라틴매스	14g
유크림(레스큐어)	25g
사과 리큐르(디종 폼므)	3g

1. 우유와 메이플 시럽을 따뜻하게 데운다.

2. 노른자와 설탕을 섞는다.

3. **1**을 **2**에 나누어 넣고 섞는다.

4. 다시 냄비로 옮겨 82°C까지 가열한다.

5. 젤라틴매스를 넣고 녹인 뒤 체에 내린다.

6. 유크림에 사과 리큐르를 넣고 80%로 휘핑한다.

7

8

7. 25°C까지 식힌 **5**를 **6**에 나누어 넣으며 섞는다.

8. 몰드(실리코마트 SF005)에 100% 채우고 냉동 보관한다.
   (냉동 2주 보관 가능)

무화과 글레이즈

무화과 퓌레	20g	모든 재료를 한 번에 가열한다.
물	10g	(냉장 1주 보관 가능)
미로와	30g	

시나몬 머랭

흰자	50g
설탕	50g
슈거파우더	50g
시나몬파우더	2g

1. 흰자에 설탕을 3회에 나누어 넣으며 단단하게 휘핑한다.

2. 체 친 슈거파우더를 넣고 가볍게 섞는다.

3. 원형깍지(801번)를 이용해 스틱 형태와 물방울 형태로 파이핑한다.

4. 머랭 위에 시나몬파우더를 가볍게 뿌린다.

5. 90℃의 오븐에서 약 1시간 말려 완전히 건조시킨다.

tip. 오븐 대신 65℃ 식품 건조기에서 5시간 이상 말려 사용할 수 있다.
건조된 머랭은 밀폐용기에 실리카겔과 함께 실온 보관한다. (실온 1주 보관 가능)

1

2

3-1

3-2

4

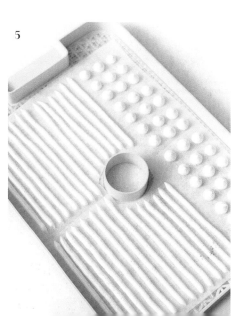

5

몽타주

깍둑썬 배	100g

1. 베린 컵 바닥에 둘세 가나슈 몽테를 30g씩 파이핑한다.

2. 그 위에 시나몬 크럼블을 균일하게 올린다.

3. 깍둑썬 배를 배 & 사과 겔로 버무린다.

4. **3**을 **2** 위로 균일하게 올린다.

5. 메이플 바바루아에 무화과 글레이즈를 코팅한다.

6. **5**를 **4** 위에 올린다.

7. 시나몬 머랭을 올려 마무리한다.

1

2

3

4

5

6

컵 입구보다 약간 작은 원형 커터를 이용해 내용물을 넣으
면 좀 더 깔끔하게 작업할 수 있다.

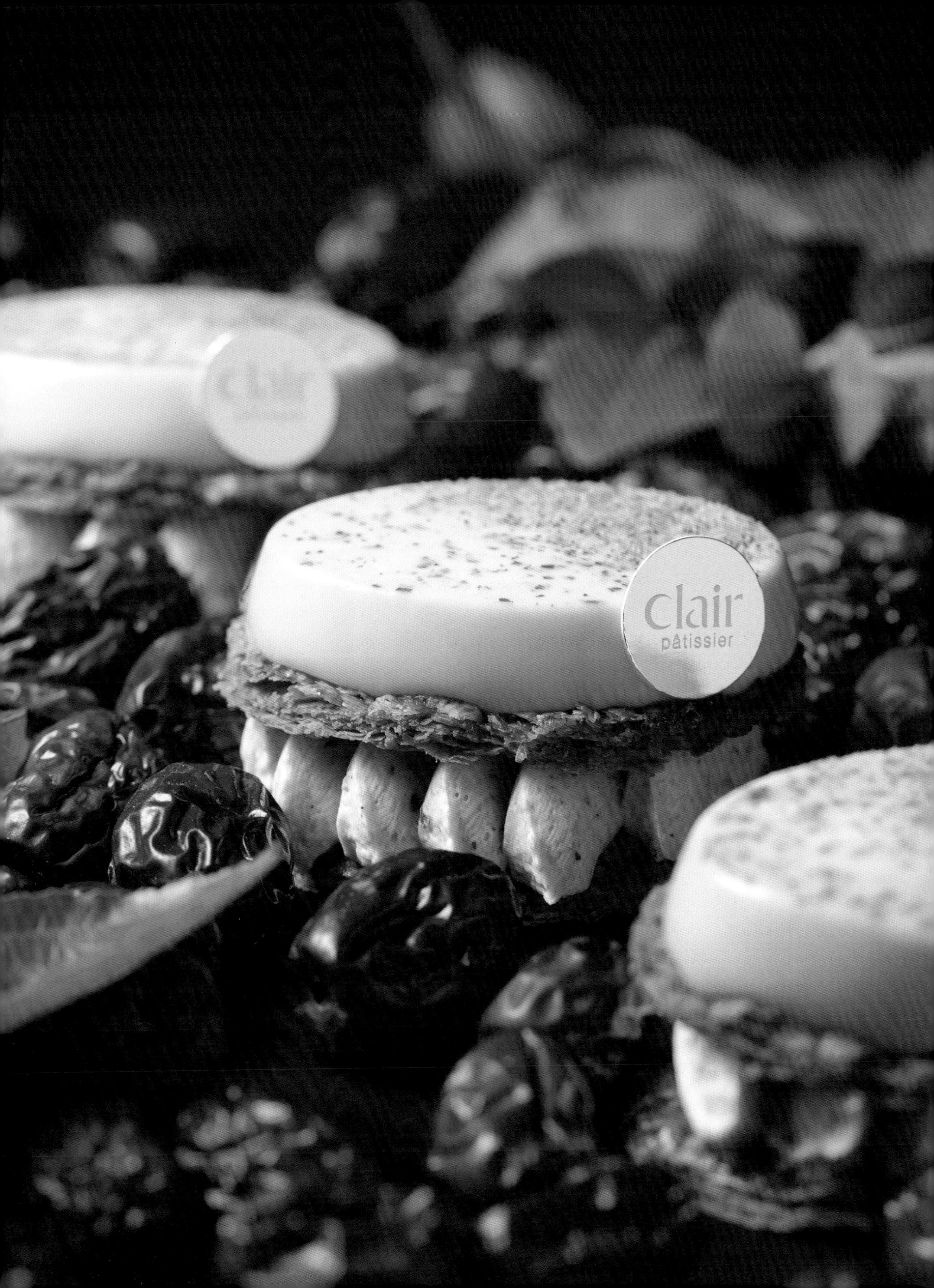
clair
pâtissier

Jujube

대추

'가을'하면 떠오르는 대추는 개인적으로 좋아하지 않는 식재료입니다. 음식을 먹다가 대추 향이 조금이라도 나면 먹는 것을 꺼릴 정도로 싫어하는 식재료지만, 오히려 이런 사람도 맛있게 먹을 수 있는 디저트를 만들 수 없을까라는 생각으로 개발하게 된 제품입니다.

대추는 사과를 오랫동안 숙성한 것 같은 풍미가 느껴집니다. 특히나 건대추의 경우는 껍질에서 느껴지는 묵직한 풍미가 있는데, 이 부분이 대추를 싫어하는 분들에게는 진입장벽이 된다고 생각해서 제품에 사용하는 대추는 건대추를 메이플 시럽과 칼바도스를 이용해 뭉근하게 졸여 달큰한 사과 향을 덧입혀 사용했습니다.

제품 전체적으로 직접 만든 대추 퓌레를 사용해 대추 향이 전체적으로 감돌 수 있도록 만들었지만, 대추의 향에 밤꿀이나 오렌지 코냑을 매칭해 새로운 대추의 맛과 향을 느낄 수 있도록 준비한 제품입니다.

A. 푀이타주 B. 대추 무슬린 크림 C. 대추 크레뫼 D. 대추파우더

푀이타주(라피드 기법)

얼음물	90g
포도씨유	18g
소금	3.5g
박력분	180g
버터	120g
슈거파우더	적당량

1. 얼음물에 포도씨유와 소금을 넣고 소금이 녹을 때까지 섞는다.

tip. 얼음물은 얼음이 아닌, 얼음을 담가 차갑게 만든 액체 상태의 물을 사용한다.
얼음물을 사용하면 버터가 반죽 속에서 녹지 않은 상태로 있어 푀이타주의 결을 잘 살려준다.

2. 푸드프로세서에 박력분과 깍둑썬 차가운 상태의 버터를 넣고 쌀알 크기로 간다.

3. **2**를 **1**에 넣고 스크래퍼로 가르듯 가볍게 섞는다.

4. 가볍게 치댄 뒤 한 덩어리로 만든다.

5. 완성된 반죽은 랩핑한 뒤 냉장고에서 12시간 휴지시킨다.

1

2

5

4

5

6-1

6-2

6-3

7

8

9

6. 3절 접기를 3회 작업한 뒤 3시간 냉장 휴지시킨다.

tip. 사진과 같이 접기 작업을 연달아 3회한 뒤 냉장고에서 휴지시킨다.

7. 두께 2mm로 밀어 펴준 뒤 냉동 보관한다.

tip. 파이롤러를 사용하거나, 두께 2mm의 각봉을 양쪽에 대고 일정하게 밀어 편다.
롤 비닐 사이에 반죽을 넣고 밀어 펴면 덧가루 없이 손쉽게 작업할 수 있다.

8. 200°C로 예열된 오븐에 10분 굽는다.

9. 철판을 덧대어 5분 추가로 굽는다.

10. 위에 덮은 철판을 제거하고 타원형 커터로 자른다.
(냉동 2주 보관 가능)

tip. 여기에서는 7cm 원형 커터를 구부려 길이 8cm, 너비 6cm의
타원형으로 만들어 사용했다.

11. 자른 푀이타주 위로 슈거파우더를 얇고 균일하게 뿌린다.

tip. 슈거파우더가 너무 두껍게 뿌려졌거나 뭉쳐져 있는 경우 반죽이
익을 때까지 슈거파우더가 녹지 않으므로 얇고 고르게 뿌린다.

12. 215°C로 예열된 오븐에 10분 추가로 굽는다.

대추 퓌레*

건대추	115g
물	230g
메이플 시럽	85g
사과 증류주	75g
(디종 칼바도스)	

1. 건대추는 반으로 갈라 씨를 제거해 준비한다.

2. 사과 증류주를 제외한 모든 재료를 한 번에 끓인 뒤 중약불로 줄여 완전히 졸인다.

3. 완전히 졸아들면 사과 증류주를 넣고 전체적으로 한 번 끓어오를 때까지 가열한다.

4. 뜨거운 상태의 3을 푸드프로세서를 사용해 곱게 간다.

5. 표면을 랩으로 밀착하고 냉장 보관한다. (냉장 2주 보관 가능)

1   2   3   4

크렘 파티시에르*

우유	150g
바닐라빈	0.5g
설탕A	18g
노른자	36g
설탕B	18g
옥수수전분	18g
버터	15g

1. 우유를 김이 날 때까지 데우고 바닐라빈을 넣은 뒤 불을 끄고 랩핑해 1시간 이상 우린다.

2. 설탕A를 넣어 김이 날 때까지 가열한다.

3. 노른자에 설탕B와 옥수수전분을 넣고 뽀얗게 믹싱한다.

4. 데운 **2**를 **3**에 나누어 넣으며 섞는다.

5. **4**를 다시 냄비에 옮겨 불 위에서 되직하고 매끄럽게 호화시킨다.

6. 전체적으로 매끄럽고 끓어오르면 불에서 내려 버터를 섞는다.

7. 체에 내려 준비한다.

tip. 완성한 크렘 파티시에르는 따로 보관하지 않고 바로 대추 무슬린 크림으로 만들어 사용한다.

5   6   7

대추 무슬린 크림

크렘 파티시에르*	200g
대추 퓌레*	70g
버터	100g
오렌지 코냑(쉐프루이스)	4g

1　　**2**　　**3**

1.　미지근한 상태의 크렘 파티시에르와 대추 퓌레를 충분히 섞어 풀어준다.

2.　실온 상태의 버터를 조금씩 나누어 넣으며 섞는다.

3.　오렌지 코냑을 넣고 섞는다. (냉장 3일 보관 가능)

대추 크레뫼

우유	90g
유크림(레스큐어)	45g
노른자	54g
설탕	15g
젤라틴매스	19g
화이트초콜릿	76g
(발로나 오팔리스 33%)	
대추 퓌레*	30g

1. 우유, 유크림을 따뜻하게 가열한다.

2. 노른자에 설탕을 넣고 섞는다.

3. **2**에 **1**을 나누어 넣으며 섞는다.

4. 다시 냄비로 옮겨 주걱으로 저어가며 82℃까지 가열한다.

5. 젤라틴매스를 넣고 녹인다.

6. 체에 걸러 화이트초콜릿과 섞는다.

7

8

7. 대추 퓌레를 넣고 핸드블렌더로 블렌딩한다.

8. 몰드(실리코마트 SF055)에 40g씩 채운다.
   (냉동 2주 보관 가능)

대추파우더

● 건대추 적당량

❶ 건대추의 씨를 제거한 뒤, 식품 건조기 또는 저온의 오븐에서 바짝 말린다.

❷ 푸드 프로세서를 사용해 곱게 갈아 체에 내린다.

❸ 밀폐용기에 실리카겔과 함께 담아 보관한다. (실온 2주 보관 가능)

몽타주

밤꿀   적당량

1. 푀이타주 위에 대추 무슬린 크림을 시폰깍지(481번)를 이용해 파이핑한다.

2. 대추 무슬린 크림 사이사이에 밤꿀을 총 세 줄 파이핑한다.

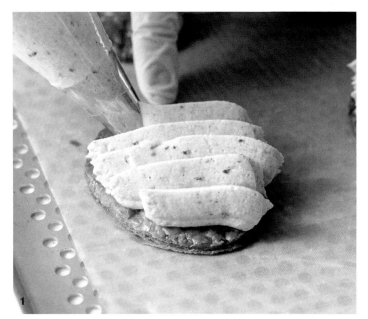

3. 푀이타주를 올린다.

4. 대추 크레뮈를 올린다.

5. 대추 크레뮈의 한 구석에 대추파우더를 뿌려 마무리한다.

Mont blanc

몽블랑

'몽블랑'은 클레어 파티시에서 가장 많은 사랑을 받은 최다 판매 제품이에요. 진한 밤 크림과 다쿠아즈, 머랭 조합의 클래식한 몽블랑을 클레어의 방식으로 조금씩 변형해 만들었습니다.

다쿠아즈는 헤이즐넛파우더를 사용해 고소함을 극대화하고, 레드커런트 젤리피에를 넣어 너무 달지 않고 무게감 있는 산미를 더했습니다.

몽블랑은 가을이면 많은 파티세리에서 선보이는 제품인 만큼 대중적이지만 자신의 색을 더하는 것이 더욱 중요한 제품이에요. 클레어 파티시에에서는 항상 중요하게 생각하는 맛의 밸런스에 초점을 두고 밤의 묵직한 단맛을 보완해 줄 레드커런트의 산미를 이용해 남녀노소 즐기기 좋은 몽블랑을 만들었습니다.

A. 헤이즐넛 다쿠아즈 **B.** 스위스 머랭 **C.** 레드커런트 젤리피에
D. 밤 크림 **E.** 밤 칩

헤이즐넛 다쿠아즈

흰자	142g
레몬즙	2g
설탕	54g
헤이즐넛파우더	100g
아몬드파우더	31g
슈거파우더	134g

1. 흰자에 레몬즙을 넣고 휘핑한다.

2. 설탕을 3회에 나누어 넣으며 단단하게 휘핑한다.

3. 체 친 헤이즐넛파우더, 아몬드파우더, 슈거파우더를 넣고 주걱으로 가르듯이 섞는다.

4. 타공 타르트링(∅ 8cm×높이 2cm)에 30g씩 팬닝한다.

tip. 타르트링 안에 타공 매트를 사이즈에 맞게 잘라 덧대어 다쿠아즈가 쉽게 떨어질 수 있도록 한다.

5. 슈거파우더(분량 외)를 전체적으로 얇고 고르게 뿌린다.

6. 170°C로 예열된 오븐에 25분 굽는다. (냉동 2주 보관 가능)

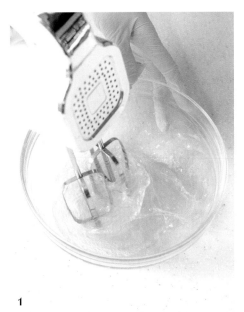
1

2

3

4

5

6

화이트 럼 가나슈 몽테

유크림(레스큐어)	480g
화이트초콜릿	132g
(발로나 오팔리스 33%)	
젤라틴매스	16.8g
화이트 럼(바카디)	24g

1. 유크림을 45°C까지 가열한다.

2. 반쯤 녹인 화이트초콜릿과 젤라틴매스에 **1**을 섞어 녹인다.

tip. 화이트초콜릿은 전자레인지에서 30초 단위로 짧게 끊어가며 절반 정도 녹여 사용한다.

3. 화이트 럼을 넣고 핸드블렌더로 블렌딩한다.

4. 표면을 랩으로 밀착하고 냉장고에서 12시간 이상 숙성시킨다.

5. 사용하기 전 단단하게 휘핑한다. (냉장 4일 보관 가능)

밤 크림

밤 페이스트	420g
밤 스프레드	210g
유크림(레스큐어)	126g
화이트 럼(바카디)	9g

1. 밤 페이스트를 부드럽게 푼다.

2. 밤 스프레드를 넣고 부드럽게 푼다.

3. 유크림과 화이트 럼을 넣고 섞는다.

4. 체에 내려 밀폐용기에 보관한다. (냉장 1주 보관 가능)

레드커런트 젤리피에

라즈베리 퓌레(브와롱)	150g
레드커런트 퓌레(브와롱)	162g
설탕	42g
옥수수전분	30g
체리 증류주	20g
(디종 키르시)	

1. 라즈베리 퓌레와 레드커런트 퓌레를 가열한다.

2. 퓌레가 따뜻해지면 미리 섞어둔 설탕과 옥수수전분을 섞는다.

3. 전체적으로 끓어오르면 불을 끄고 체리 증류주를 넣고 섞는다.

4. 몰드(실리코마트 SF005)에 100% 채운다. (냉동 2주 보관 가능)

스위스 머랭

흰자	100g
설탕	150g
레몬즙	4g

1. 흰자에 설탕과 레몬즙을 넣고 중탕으로 가열한다.

tip. 흰자가 익지 않도록 가볍게 저으며 중탕한다.

2. 50℃가 되면 100%로 휘핑한다.

3. 원형깍지(809번)을 이용해 ⌀ 5cm 크기로 납작하게 파이핑한다.

4. 60℃로 예열된 오븐에서 4시간 동안 완전히 말린다.

tip. 오븐 대신 65℃의 식품 건조기에 하룻밤 건조해 사용할 수 있다.
건조된 머랭은 밀폐용기에 실리카겔과 함께 담아 실온 보관한다. (실온 1주 보관 가능)

밤 칩

겉껍질만 제거한 밤	250g
설탕	110g
물	100g

1. 밤은 겉껍질만 제거하고 속껍질을 남겨둔 상태로 감자 필러를 이용해 얇게 슬라이스한다.

tip. 밤의 속껍질을 남기면 형태가 더욱 도드라져 보인다.

2. 설탕과 물을 가열한다.

3. 설탕이 녹으면 **1**에 부어 밤을 투명하게 만든다.

4. 180°C로 예열된 오븐에 5분 굽는다. (실온 2주 보관 가능)

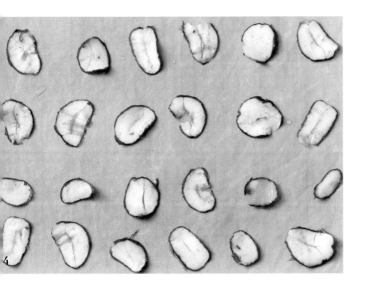

몽타주

1. 헤이즐넛 다쿠아즈 위에 휘핑한 화이트 럼 가나슈 몽테를 원형깍지(804번)을 사용해 소량 파이핑한다.
2. 스위스 머랭을 올린다.
3. 화이트 럼 가나슈 몽테를 소량 파이핑한다.
4. 레드커런트 젤리피에를 올린다.

5. 돌림판으로 옮겨 스위스 머랭과 레드커런트 젤리피에가 가려지도록 화이트 럼 가나슈 몽테를 40g씩 파이핑한다.

6. 화이트 럼 가나슈 몽테가 돔 형태가 되도록 미니 스패출러를 사용해 다듬는다.

7. 밤 크림을 몽블랑깍지(234번)를 사용하여 감싸 두른다.

tip. 밤 크림이 되직하므로 실온에 두어 부드럽게 풀어 사용한다.

8. 밤 칩을 꽂아 장식해 마무리한다.

Vanilla tart

바닐라 타르트

'바닐라 타르트'는 호불호 없이 누구나 사랑하는 바닐라를 듬뿍 느낄 수 있는 제품입니다. 클레어 파티시에의 바닐라 타르트는 타히티산 바닐라빈을 사용해 꽃향기처럼 향기로운 바닐라 향을 느낄 수 있어, 제품의 디자인도 꽃 모양으로 제작하였습니다.

제품의 구성 요소들은 위로 갈수록 둘레가 넓어져 같은 높이라도 비중이 달라지는데요. 그래서 가장 아랫부분은 중심을 잡아줄 묵직한 통카 향의 크렘 다망드를 사용하고, 가장 윗부분은 가볍고 부드럽게 사라지는 바닐라빈 가나슈 몽테를 사용해 밸런스를 맞추었습니다. 제품을 수직으로 잘라 모든 구성 요소들을 한입에 먹었을 때의 밸런스를 중요하게 생각해 만든 제품입니다.

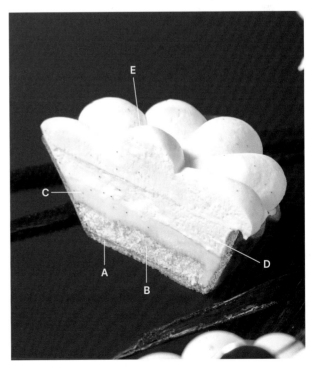

A. 파트 슈크레 B. 통카 아몬드 크림 + 바닐라 앵비바주 C. 바닐라 가나슈
D. 바닐라 마스카르포네 크림 E. 바닐라 가나슈 몽테

파트 슈크레

버터	125g
슈거파우더	80g
소금	1g
아몬드파우더	30g
달걀	45g
박력분	210g

1. 실온 상태의 버터를 부드럽게 푼다.

2. 슈거파우더와 소금을 넣고 아이보리 색이 날 때까지 섞는다.

3. 체 친 아몬드파우더를 넣고 섞는다.

4. 달걀을 3회에 나누어 섞는다.

tip. 실온 상태의 달걀을 사용한다.

5. 체 친 박력분 1/2을 넣고 전체적으로 섞어준 뒤, 나머지 박력분을 넣고 섞는다.

tip. 가루가 쉽고 빠르게 섞일 수 있도록 나누어 섞는다.

6. 완성된 반죽은 랩핑한 뒤 냉장고에서 12시간 휴지시킨다.

1

2

3

4

5

6

7. 두께 2mm로 밀어 편 반죽을 냉동하고 원형 커터(ø 9.7cm)로 자른다.

tip. 파이롤러를 사용하거나, 두께 2mm의 각봉을 양쪽에 대고 일정하게 밀어 편다.
롤 비닐 사이에 반죽을 넣고 밀어 펴면 덧가루 없이 손쉽게 작업할 수 있다.

8. 타르트 틀(매트퍼 EXOPAN 브리오슈 18주름 75mm)을 뒤집은 뒤 반죽을 올려 밀착시킨다.

tip. 틀 자체에 코팅이 되어 있어서 따로 이형제를 바르지 않아도 된다.

9. 타르트 반죽 위로 여분의 틀을 덮어준 뒤 160°C로 예열된 오븐에 10분 굽는다.

10. 덮어 주었던 타르트 틀을 제거한 뒤 추가로 5분 굽는다.

11. 안쪽 셸에 달걀물을 칠하고 추가로 5분 굽는다.

12. 틀을 제거한 뒤 바깥쪽 셸에 달걀물을 칠하고 추가로 5분 굽는다. (냉동 2주 보관 가능)

tip. 반죽이 구움색을 띤 뒤 타르트 틀을 제거하면 모양이 뒤틀어지는 것을 막는다.
냉동한 타르트 셸을 사용할 때 170°C로 예열된 오븐에 3분간 해동하여 사용한다.

1

2

3

통카 아몬드 크림

버터	20g
슈거파우더	20g
아몬드파우더	20g
달걀	20g
통카빈	0.5개

1. 실온 상태의 버터를 부드럽게 푼다.

2. 슈거파우더를 넣고 섞는다.

3. 체 친 아몬드파우더를 넣고 섞는다.

4. 달걀을 3회에 나누어 섞는다.

5. 통카빈을 갈아 넣는다.

6. 타르트 셸에 10g씩 채운다.

7. 170°C로 예열된 오븐에 10분 굽는다. (냉동 2주 보관 가능)

4

5

6

바닐라 앵비바주

물	40g
설탕	20g
바닐라빈	1/4개

모든 재료를 넣고 가열한다. (냉장 1주 보관 가능)

바닐라 가나슈

유크림(레스큐어)	40g
트리몰린	8g
버터	10g
바닐라빈	0.3개
화이트초콜릿	96g
(발로나 오팔리스 33%)	

1. 유크림과 트리몰린, 버터, 바닐라빈을 함께 김이 날 때까지 가열한다.

2. 화이트초콜릿에 **1**을 체에 걸러 넣고 섞는다.

3. 핸드블렌더로 블렌딩한다. (냉장 3일 보관 가능)

1

2

3

바닐라 마스카르포네 크림

유크림(레스큐어)	85g
바닐라빈	1/2개
노른자	17g
설탕	22g
젤라틴매스	10g
마스카르포네 (엘르앤비르)	50g

1. 유크림에 바닐라빈의 씨를 긁어 넣고 따뜻한 정도로 가열한다.

2. 노른자와 설탕을 섞는다.

3. **2**에 데운 **1**을 넣어 섞는다.

4. 다시 냄비로 옮겨 주걱으로 바닥을 저어가며 82℃까지 가열한다.

5. 젤라틴매스를 넣고 녹인다.

6. 체에 내린다.

7. 표면에 랩을 밀착해 12시간 이상 냉장 숙성시킨다.

8. 숙성시킨 크림을 핸드블렌더로 부드럽게 푼다.

tip. 단단하게 굳은 크림은 핸드블렌더로 갈아주며 함께 휘핑할 마스카르포네와 비슷한 질감으로 맞춰 휘핑해야 덩어리지지 않게 작업할 수 있다.

9. 마스카르포네를 넣고 휘핑한다. (냉장 3일 보관 가능)

바닐라 가나슈 몽테

유크림(레스큐어)	200g
바닐라빈	0.5개
젤라틴매스	7g
화이트초콜릿	55g
(발로나 오팔리스 33%)	
바닐라 럼❖	4g

❖ 바닐라 럼은 화이트 럼(바카디)
한 병에 사용하고 남은 바닐라빈 껍질
20개를 넣고 1달 정도 두어 향이
우러나면 사용한다.

1. 유크림과 바닐라빈을 45°C까지 가열한다.

2. 젤라틴매스를 넣고 녹인다.

3. 화이트초콜릿에 **1**을 체에 걸러 넣고 섞는다.

4. 바닐라 럼을 넣는다.

5. 핸드블렌더로 블렌딩한다.

6. 표면을 랩으로 밀착하고 냉장고에서 12시간 이상 숙성시킨다.

7. 단단하게 휘핑한다. (냉장 3일 보관 가능)

몽타주

얇게 자른 바닐라빈 껍질 6개

1. 통카 아몬드 크림이 채워진 타르트 셸에 바닐라 앵비바주를 바른다.

2. 바닐라 앵비바주를 바르고 바닐라 가나슈를 20g씩 파이핑한다.

3. 냉장고에 두고 잠시 굳힌 뒤 바닐라 마스카르포네 크림으로 타르트 윗면을 채운다.

4. 휘핑한 바닐라 가나슈 몽테를 원형깍지(ø 11mm)를 이용해 꽃 모양으로 파이핑한다.

5. 바닐라빈 껍질을 올려 마무리한다.

tip. 바닐라빈 씨를 긁고 남은 바닐라빈 껍질을 길고 얇게 잘라 사용한다.

4-1

4-2

5

Black swan

블랙 스완

'블랙 스완'은 진한 초콜릿 제품을 찾으시는 고객 분들을 위해 만든 제품으로, 진한 초콜릿의 풍미가 느껴지는 갸또 쇼콜라에 포인트가 되어줄 타트체리를 곁들여 무겁지만 지루하지 않게 만들었습니다.

어두운 갸또 쇼콜라 위에 하얀 키르시 가나슈 몽테와 반짝이는 체리의 비주얼이 흑조를 닮아 블랙 스완이라고 이름을 지은 제품입니다.

A. 체리 콩피 B. 갸또 쇼콜라 + 체리 시럽 C. 초콜릿 글레이즈
D. 체리 쿨리 E. 키르시 가나슈 몽테

체리 콩피*

냉동 타트체리	100g
설탕	50g
물엿	6g
레몬즙	6g

1. 냉동 타트체리에 설탕을 버무려 과즙이 빠져 나오도록 해동한다.

2. 해동한 타트체리에 물엿을 넣고 가열한다.

3. 타트체리가 부드러워지면 불을 끄고 레몬즙을 넣고 섞는다.

4. 체에 걸러 콩피와 주스로 분리한다. (냉장 1주 보관 가능)

체리 콩피

체리 주스

체리 시럽*

체리 주스	50g
물	50g

1. 체리 콩피를 만들고 남은 체리 주스 50g을 냄비에 담는다.

2. 모든 재료를 한 번에 가열한다. (냉장 1주 보관 가능)

갸또 쇼콜라

다크초콜릿	36g
(발로나 카라이브 66%)	
밀크초콜릿(칼리바우트)	22g
소금	0.8g
버터	45g
황설탕A	40g
노른자	46g
유크림(레스큐어)	36g
코코아파우더	36g
흰자	81g
황설탕B	45g
체리 콩피*	적당량
체리 시럽*	적당량

1. 다크초콜릿과 밀크초콜릿, 소금, 버터를 중탕으로 녹인다.

2. 황설탕A와 노른자를 함께 미지근해질 때까지 중탕한다.

3

4

5

3.   **1**에 **2**를 넣고 섞는다.

4.   미지근한 상태의 유크림을 **3**과 섞는다.

tip. 유크림의 온도가 낮으면 초콜릿이 굳고, 온도가 너무 높으면 달걀에 영향을 미친다.

5.   체 친 코코아파우더를 넣고 섞는다.

6.   흰자에 황설탕B를 넣고 60%로 휘핑한다.

tip. 머랭은 들어올리면 주르륵 흘러 내리지만 떨어진 머랭의 모양이 희미하게 남아 있는 상태로
마무리한다.

7.   **5**에 **6**을 두 번 나누어 섞는다.

8.   몰드(실리코마트 오발 8구)에 반죽을 45g씩 채운다.

6

7

8

9. 체리 콩피를 3알씩 반죽 속에 넣는다.

tip. 체리가 골고루 씹힐 수 있도록 간격을 조절한다.

10. 150°C로 예열된 오븐에 15분 굽고 뒤집어서 10분 굽는다.

11. 굽고 나온 직후 윗면에 체리 시럽을 바른다.

tip. 갸또 쇼콜라가 뜨거운 상태에서 시럽을 발라 최대한 시럽이 잘 스며들도록 한다.

12. 완전히 식힌 뒤 12시간 이상 냉동하여 몰드에서 제거한다. (냉동 2주 보관 가능)

tip. 완전히 얼지 않으면 옆면이 깔끔하게 떨어지지 않는다.

초콜릿 글레이즈

유크림(레스큐어)	40g
물	48g
설탕	60g
코코아파우더	20g
젤라틴매스	14g

1. 유크림, 물, 설탕을 103°C까지 가열한다.

2. 체 친 코코아파우더를 섞는다.

3. 젤라틴매스를 넣고 핸드블렌더로 블렌딩한다.

4. 체에 거른 뒤 표면에 랩을 밀착해 12시간 이상 냉장 숙성시킨다. (냉장 1주 보관 가능)

체리 쿨리

냉동 타트체리	100g
설탕	50g
젤라틴매스	14g

1. 냉동 타트체리에 설탕을 넣고 가열한다.

2. 체리가 부드러워지면 젤라틴매스를 넣고 녹인다.

3. 핸드블렌더로 블렌딩한 뒤 표면을 랩으로 밀착해 냉장 보관한다. (냉장 1주 보관 가능)

키르시 가나슈 몽테

유크림(레스큐어)   100g
젤라틴매스   3.5g
화이트초콜릿   28g
(발로나 오팔리스 33%)
체리 증류주(디종 키르시)   4g

1. 유크림을 45°C까지 가열한다.

2. 젤라틴매스를 넣고 녹인다.

3. 화이트초콜릿에 **2**를 넣어 섞어 녹인다.

4. 체리 증류주를 넣고 섞는다.

5. 핸드블렌더로 블렌딩한다.

6. 표면을 랩으로 밀착하고 냉장고에서 12시간 이상 숙성시킨다.

7. 사용하기 전 단단하게 휘핑한다. (냉장 3일 보관 가능)

몽타주

뉴트럴 글레이즈	적당량
(162p)	
생체리	적당량

1. 뉴트럴 글레이즈를 35~40℃로 중탕해 생체리를 코팅한다.

2. 코팅한 체리는 체반에 옮겨 글레이즈를 굳힌다.

3. 초콜릿 글레이즈를 30℃로 중탕해 냉동한 갸또 쇼콜라 겉면에 바른다.

4. 갸또 쇼콜라 중앙에 체리 쿨리를 10g씩 파이핑한다.

5. 시폰깍지(481번)를 이용해 키르시 가나슈 몽테를 파이핑한다.

tip. 크림의 끝이 가운데로 모여지게 파이핑한다.

6. 뉴트럴 글레이즈로 코팅한 체리를 올려 마무리한다.

Chouxclair

슈클레어

'슈클레어'는 클레어 파티시에의 오픈을 함께 한 초창기 제품으로, 처음 함께 한 메뉴인 만큼 애정도 큰 제품입니다. '클레어'라는 이름이 에클레어에서 따온 이름인 만큼 개인적으로 파트 아 슈에 대한 애정이 커 슈를 이용한 제품을 만들어 보았습니다.

처음 이 제품을 만들 때는 클래스를 염두에 두었기에 수강생 분들이 크렘 파티시에르를 통해 전분의 호화를 익히고, 헤이즐넛 프랄리네를 통해 프랄리네에 대한 이해를 도울 수 있게 구성했습니다.

동글동글 귀여운 꽃 모양의 이 디저트는 활짝 피어나고 싶은 클레어 파티시에의 소망도 담겨 있습니다.

A. 파트 아 슈 **B.** 프랄리네 무슬린 크림 **C.** 비스퀴 크로캉트

파트 아 슈 (14개 분량)

우유	62g
물	62g
버터	62g
설탕	2.5g
소금	1.5g
중력분	75g
달걀	125g
우박설탕	적당량
헤이즐넛 분태	적당량

1. 우유, 물, 버터, 설탕, 소금을 가열한다.

2. 끓기 시작하면 불을 끄고 체 친 중력분을 넣고 주걱으로 반죽을 치대듯 저어가며
한 덩어리로 만든다.

3. 다시 불을 켜고 전체적으로 맑은 광택을 띠고 냄비 바닥에 얇은 막이 생길 때까지 볶는다.

4. 비터를 장착한 스탠드믹서로 옮겨 저속으로 믹싱하며 55℃가 될 때까지 열기를 날린다.

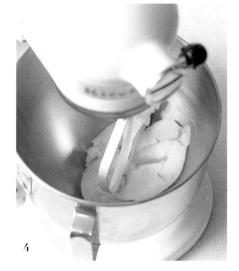

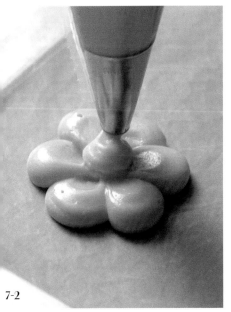

5. 달걀을 조금씩 나누어 섞는다.

6. 달걀이 고르게 섞이면 믹싱을 완료한다.

7. 완성된 슈 반죽을 원형깍지 ø 11mm를 이용해 꽃 모양으로 파이핑한다.

tip. 모든 꽃잎의 두께, 사이즈가 일정하게 나오도록 파이핑한다.
테프론시트에 ø 6.3cm 원형 가이드 라인을 그려둔 종이를 깔고, 원 안에 들어가도록 파이핑한다.

8. 슈 표면에 우박설탕과 헤이즐넛 분태를 섞어 가득 올린다.

tip. 우박설탕과 헤이즐넛 분태를 살짝 갈아 입자가 슈 표면에 잘 달라붙도록 한다.

9. 180°C로 예열된 오븐에 20분 굽는다.

tip. 타공 매트를 사용하면 바닥이 들뜨는 것을 방지할 수 있다. (냉동 2주 보관 가능)

헤이즐넛 프랄리네*

설탕	50g
물	16g
헤이즐넛	100g
포도씨유	5g

1. 설탕과 물을 가열한다.

2. 118°C가 되면 헤이즐넛을 넣고 중불로 볶는다.

tip. 헤이즐넛은 오븐 또는 전자레인지에 데워 따뜻한 상태로 사용한다.

3. 시럽이 녹고 하얗게 재결정화가 되면 약불로 줄여 진한 갈색이 나도록 볶는다.

4. 테프론시트에 넓게 펼쳐 굳힌다.

5. 완전히 식으면 포도씨유를 넣고 푸드프로세서를 사용해 곱게 간다. (냉장 2주 보관 가능)

크렘 파티시에르*

우유	150g
바닐라빈	0.5g
설탕A	18g
노른자	36g
설탕B	18g
옥수수전분	18g
버터	15g

1. 우유를 김이 날 때까지 데우고 바닐라빈을 넣은 뒤 불을 끄고 랩핑해 1시간 이상 우린다.

2. 설탕A를 넣어 김이 날 때까지 가열한다.

3. 노른자에 설탕B와 옥수수전분을 넣고 아이보리 색이 날 때까지 믹싱한다.

4. **3**에 **2**를 나누어 넣으며 섞는다.

5. 다시 냄비로 옮겨 휘퍼로 저어가며 호화시킨다.

tip. 전체적으로 끓어오르고 윤기가 나며 매끄러운 상태가 되면 마무리한다.

6. 버터를 넣고 섞는다.

7. 체에 내려 마무리한다.

tip. 완성된 크렘 파티시에르는 따로 보관하지 않고 바로 프랄리네 무슬린 크림으로 만들어 사용한다.

1   2   3

프랄리네 무슬린 크림

크렘 파티시에르*	200g
헤이즐넛 프랄리네*	70g
버터	100g
오렌지 코냑(쉐프루이스)	4g

1. 핸드블렌더를 이용해 크렘 파티시에르와 헤이즐넛 프랄리네를 고르게 푼다.

tip. 크렘 파티시에르가 덩어리지지 않고 매끄럽게 풀리도록 한다.

2. 실온 상태의 버터를 조금씩 나누어 넣으며 섞는다.

3. 오렌지 코냑을 넣고 섞어 마무리한다. (냉장 3일 보관 가능)

비스퀴 크로캉트

다크초콜릿	10g
(카카오바리 가나 오리진 40%)	
버터	15g
헤이즐넛 프랄리네	53g
헤이즐넛 분태	25g
피칸 분태	20g
파에테 포요틴	20g
(칼리바우트)	

모든 재료를 한 번에 중탕으로 녹인 뒤, 고르게 섞어 마무리한다. (냉장 1주 보관 가능)

몽타주

데코스노우	적당량

1. 파트 아 슈를 반으로 자른다.

2. 파트 아 슈의 바닥에 비스퀴 크로캉트를 20g씩 채워 넣고 고르게 펼친다.

3. 프랄리네 무슬린 크림을 원형깍지(ø 11mm)를 이용해 파이핑한다.

4. 작은 수저를 뜨거운 물에 살짝 적셔 프랄리네 무슬린 크림의 윗부분을 옴폭하게 만든다.

5. 프랄리네 무슬린 크림의 홈에 헤이즐넛 프랄리네를 채워 넣는다.

6. 파트 아 슈 윗면에 데코스노우를 뿌린다.

7. **6**을 **5** 위로 덮는다.

8. 제품 중앙에 프랄리네 무슬린 크림을 작게 파이핑해 마무리한다.

立秋

입추

'입추'는 예전에 일했던 레스토랑에서 에피타이저 메뉴였던 버섯 수프를 떠올리며 만든 메뉴입니다. 버섯을 오랫동안 볶아 크림과 함께 끓이면 맛있는 냄새가 주방을 가득 채웠던 기분 좋은 기억이 떠오르곤 합니다.

버섯은 특유의 감칠맛으로 주로 요리의 재료로 사용되지만, 크림이나 버터가 주로 사용되는 디저트로 만들기에는 자칫 느끼하게 느껴질 수 있어요. 그래서 버섯의 농후한 맛에 산뜻함을 더해줄 카다몸을 함께 사용해 제품의 밸런스를 맞춰주었습니다. 과일과 주로 매칭하던 카다몸을 버섯과 함께 사용했을 때 의외의 시너지 효과가 있어 제품을 만들며 즐거웠던 제품입니다.

A. 바닐라 사블레 브르통 **B.** 카다몸 무스 + 뉴트럴 글레이즈 **C.** 버섯 크레뮈
D. 로즈마리 가나슈 몽테 **E.** 버섯파우더

바닐라 사블레 브르통

버터	75g
설탕	65g
소금	0.5g
노른자	30g
중력분	100g
베이킹파우더	0.5g
바닐라파우더	1g

1. 실온 상태의 버터를 부드럽게 푼다.

2. 설탕과 소금을 넣고 아이보리 색이 날 때까지 빠르게 믹싱한다.

3. 노른자를 3회에 나누어 섞는다.

4. 체 친 중력분과 베이킹파우더, 바닐라파우더를 넣고 주걱으로 가르듯이 섞는다.

5. 완성된 반죽은 랩핑한 뒤 휴지시킨다.

6. 두께 0.5cm로 밀어 편 뒤 냉동 보관한다. (냉동 2주 보관 가능)

tip. 파이 롤러를 사용하거나, 두께 0.5cm의 각봉을 양쪽에 대고 일정하게 밀어 편다.
롤 비닐 사이에 반죽을 넣고 밀어 펴면 덧가루 없이 손쉽게 작업할 수 있다.

1

2

3

4

5

6

7. 타공 타르트링(ø 8cm)을 이용해 자른다.

8. 타르트링이 끼워진 상태로 철판에 팬닝한다.

9. 170°C로 예열된 오븐에 12분 굽는다.

tip. 철판에 타공 매트를 깔아 제품을 구우면 제품 표면에 불규칙하게 부풀어 오르는 것을 막는다.
　　 굽고 나온 직후에 타르트 옆면을 칼을 이용해 살짝 긁어 쉽게 반죽이 떨어지도록 한다.

카다몸 무스

우유	32g
유크림(레스큐어)A	32g
카다몸	2g
노른자	30g
설탕	35g
젤라틴매스	20g
유크림(레스큐어)B	260g

1. 우유, 유크림A, 카다몸을 김이 날 때까지 가열한다.

tip. 카다몸은 거칠게 부숴 준비한다.

2. 노른자에 설탕을 넣고 가볍게 믹싱한다.

3. **2**에 **1**을 나누어 넣으며 섞는다.

4. 다시 냄비로 옮겨 82°C가 될 때까지 주걱으로 계속 저어가며 앙글레이즈를 만든다.

tip. 밑부분이 익어버리기 쉬우므로 주걱을 사용해 계속 저으며 작업한다.

5. 젤라틴매스를 넣고 녹인 뒤 체에 내려 식힌다.

6. 유크림B를 60%로 휘핑한다.

7. 25°C까지 식힌 **5**를 **6**에 나누어 넣으며 섞는다.

8. 몰드(실리코마트 SQ077)에 40g씩 채운다.

9. 12시간 이상 냉동 보관한다. (냉동 2주 보관 가능)

tip. 스패출러를 사용해 깔끔하게 정리한다.

버섯 퓌레*

양송이버섯	적당량
포도씨유	적당량
우유	적당량

1. 양송이버섯을 슬라이스한다.

2. 포도씨유를 두른 팬에 양송이버섯을 넣고 진한 갈색이 될 때까지 센 불로 볶는다.

3. 볶은 양송이버섯을 냄비에 옮기고 양송이버섯이 약간 잠기도록 우유를 넣는다.

4. 우유가 자작하게 졸아들 때까지 중불로 가열한다.

5. 푸드프로세서를 사용해 곱게 간다. (냉동 2주 보관 가능)

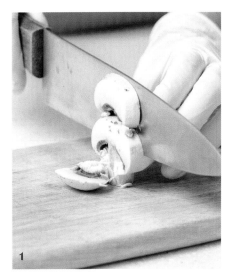

버섯 크레뫼

우유	48g
유크림(레스큐어)	24g
소금	0.4g
노른자	29g
설탕	8g
젤라틴매스	10g
화이트초콜릿	41g
(발로나 으팔리스 33%)	
버섯 퓌레＊	40g

1. 우유와 유크림, 소금을 김이 날 때까지 가열한다.

2. 노른자에 설탕을 넣고 가볍게 믹싱한다.

3. **2**에 **1**을 넣고 섞는다.

4. 다시 냄비로 옮겨 82℃로 가열해 앙글레이즈로 만든다.

5. 젤라틴매스를 넣고 녹인다.

6. 화이트초콜릿과 버섯 퓌레에 **5**를 체에 걸러 넣고 섞는다.

7

8

7. 핸드블렌더로 블렌딩한다.

8. 몰드(실리코마트 SF119)에 30g씩 채운다.

9. 12시간 이상 냉동 보관한다. (냉동 2주 보관 가능)

로즈마리 가나슈 몽테

유크림(레스큐어)	200g
건조 로즈마리	1g
젤라틴매스	7g
화이트초콜릿	55g
(발로나 오팔리스 33%)	

1. 유크림에 건조 로즈마리를 넣고 끓기 직전까지 데운 뒤 불을 끄고 랩을 덮어 2시간 우린다.

2. 체에 거른 뒤 다시 가열한 뒤 무게를 잰다. 200g보다 적은 경우 유크림을 추가해 200g으로 맞춘다.

3. 다시 불에 올려 젤라틴매스를 넣고 녹인다.

1

2

4   4.   화이트초콜릿에 **3**을 넣고 핸드블렌더로 블렌딩한다.

5   5.   표면을 랩으로 밀착하고 냉장고에서 12시간 이상 냉장 숙성시킨다.

6   6.   단단하게 휘핑한다. (냉장 3일 보관 가능)

버섯파우더

● 양송이버섯 적당량

❶ 버섯을 슬라이스하고 식품 건조기 또는 낮은 온도의 오븐에서 완전히 말린다.

❷ 완전히 말린 버섯을 푸드프로세서를 사용해 곱게 간다. (실온 2주 보관 가능)

❶

❷

❸

뉴트럴 글레이즈

물	50g
설탕	100g
물엿	150g
젤라틴매스	55g
레몬즙	18g

1. 물, 설탕, 물엿을 105°C까지 가열한다.

2. 불에서 내린 뒤 젤라틴매스와 레몬즙을 넣고 섞는다.

3. 표면에 랩을 밀착한 뒤 12시간 냉장 숙성시킨다.

4. 완성된 글레이즈는 중탕으로 녹여 사용한다. (냉장 1주 보관 가능)

1

2

3

몽타주

1. 카다몸 무스를 채반에 올린 뒤, 35~40℃로 녹인 뉴트럴 글레이즈를 부어 코팅한다.

2. 사블레 브르통 위에 올린다.

3. 버섯 크레뫼 윗부분을 열풍기로 살짝 녹이고 버섯파우더를 묻힌다.

4. 버섯 크레뫼를 카다몸 무스 위로 올린다.

5. 휘핑한 로즈마리 가나슈 몽테를 돌림판으로 옮겨 원형깍지(ø 11mm)를 이용해
   버섯 크레뫼 옆면에 두 줄 파이핑한다.

WINTER

겨울

Winter, flower

겨울, 꽃

'겨울, 꽃'은 제가 가장 좋아하는 겨울 과일인 귤을 주재료로 사용해 만든 제품입니다. 값비싼 과일을 주로 사용하는 프티 갸또와는 달리, 값싸고 구하기 쉬운 귤을 가지고 본연의 맛과 특징을 강조해 귤의 가치를 높여보았습니다.

귤을 오븐에서 살짝 태워 스모키한 향을 더하고 단조롭지 않게 풍부한 맛을 느낄 수 있도록 했는데요, 제품 곳곳에 사용한 피스타치오로 고소하고 진한 맛을 더해 귤의 풍미를 강조했습니다.

A. 파트 슈크레 B. 피스타치오 비스퀴 C. 피스타치오 가나슈 몽테
D. 피스타치오 크레뮤 E. 귤 겔

파트 슈크레

버터	125g
슈거파우더	80g
소금	1g
아몬드파우더	30g
달걀	45g
박력분	210g

1. 실온 상태의 버터를 부드럽게 푼다.

2. 슈거파우더와 소금을 넣고 아이보리 색이 날 때까지 믹싱한다.

3. 체 친 아몬드파우더를 넣고 섞는다.

4. 달걀을 3회에 나누어 섞는다.

tip. 실온 상태의 달걀을 사용한다.

5. 체 친 박력분 1/2을 넣고 전체적으로 섞어준 뒤, 나머지 박력분을 넣고 섞는다.

tip. 가루가 쉽고 빠르게 섞일 수 있도록 나누어 섞는다.

6. 완성된 반죽은 랩핑한 뒤 냉장고에서 12시간 휴지시킨다.

7. 두께 2mm로 밀어 편 뒤 원형 커터(∅ 6.8cm)로 자른다.

tip. 파이롤러를 사용하거나, 두께 2mm의 각봉을 양쪽에 대고 일정하게 밀어 편다.
롤 비닐 사이에 반죽을 넣고 밀어 펴면 덧가루 없이 손쉽게 작업할 수 있다.

8. 오븐 팬에 타공 매트를 깔아주고 반죽을 팬닝한 뒤, 다시 타공 매트를 올린다.

9. 160℃로 예열된 오븐에 10분 굽는다. (냉동 2주 보관 가능)

tip. 오븐 성능에 따라 굽는 시간에 차이가 있을 수 있으니 구움색을 보고 판단한다.

피스타치오 비스퀴

달걀	110g
설탕	70g
박력분	60g
아몬드파우더	18g
버터	36g
피스타치오 페이스트	20g
(안테벨라)	
우유	16g

1. 달걀, 설탕을 중탕으로 40°C까지 가열한다.

tip. 달걀이 익지 않도록 가볍게 저으며 중탕한다.

2. 아이보리 색이 날 때까지 휘핑한다.

3. 체 친 박력분, 아몬드파우더를 넣고 섞는다.

4. 버터, 피스타치오 페이스트, 우유를 55°C까지 가열한 뒤 가볍게 섞는다.

5. **3**을 소량 덜어 **4**와 섞는다.

6. **5**와 남은 **3**을 섞는다.

7. 몰드(실리코마트 TAPIS ROULADE 325 × 325)에 310g
　　　붓는다.

tip. 스패출러나 스크래퍼를 이용해 평평하게 정리한다.

8. 170℃로 예열된 오븐에 12분 굽는다.

9. 식힌 피스타치오 비스퀴는 원형 커터(ø 5.5cm)를 사용해
　　　자른다. (냉동 2주 보관 가능)

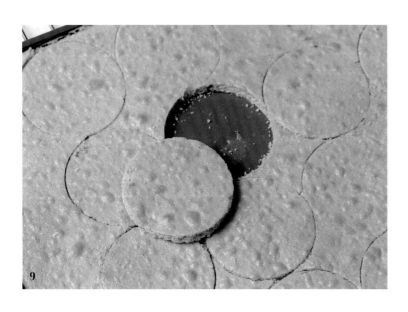

피스타치오 프랄리네*

설탕	60g
물	34g
바닐라빈 껍질	0.5개
피스타치오	100g
피스타치오 페이스트	10g
(안테벨라)	
포도씨유	적당량

1. 설탕과 물, 바닐라빈 껍질을 가열한다.

2. 118°C가 되면 피스타치오를 넣고 중불로 볶는다.

tip. 피스타치오는 50°C로 데워 사용한다.

3. 시럽이 녹고 하얗게 재결정화가 되면 불을 약불로 줄여 진한 갈색이 나도록 볶는다.

4. 완성된 프랄린을 테프론시트에 넓게 펼쳐 굳힌다.

5. 프랄린이 완전히 식으면 피스타치오 페이스트를 넣고 푸드프로세서를 사용해 곱게 갈아 프랄리네로 완성한다. (냉장 3일 보관 가능)

tip. 프랄린이 너무 되직해 갈리지 않으면 포도씨유를 추가해 부드럽게 간다.

피스타치오 가나슈 몽테

유크림(레스큐어)A	58g
트리몰린	16g
물엿	10g
젤라틴매스	7g
피스타치오 페이스트 (안테벨라)	14g
화이트초콜릿 (발로나 오팔리스 33%)	100g
유크림(레스큐어)B	136g
오렌지 리큐르(그랑 모나크)	6g

1. 유크림A, 트리몰린, 물엿을 함께 60°C까지 가열한다.

2. 젤라틴매스와 피스타치오 페이스트를 넣고 섞는다.

3. 체에 내려 오팔리스와 섞는다.

4. 화이트초콜릿이 거의 녹으면 유크림B와 오렌지 리큐르를 넣는다.

5. 핸드블렌더로 블렌딩한다.

6. 표면을 랩으로 밀착해 12시간 이상 냉장 숙성시킨다.

7. 사용하기 전 단단하게 휘핑한다. (냉장 3일 보관 가능)

피스타치오 크레뫼

우유	15g
젤라틴매스	8g
피스타치오 프랄리네*	95g
유크림(레스큐어)	50g

1. 우유를 끓기 직전까지 가열한 뒤 젤라틴매스를 넣고 녹인다.

2. 피스타치오 프랄리네에 **1**을 나누어 섞는다.

3. 유크림을 섞어 마무리한다.

귤 겔

귤(구운 것)	63g
귤(껍질 벗긴 것)	48g
물엿	12g
레몬즙	3g
설탕	40g
펙틴(선인 펙틴 젤리용)	4g
젤라틴매스	12g

1. 귤을 껍질째 슬라이스해 160℃로 예열된 오븐에 15분 굽는다.

2. **1**과 껍질을 벗긴 귤을 푸드프로세서를 사용해 곱게 간다.

3. **2**와 물엿, 레몬즙을 40℃까지 가열한다.

4. 설탕과 펙틴을 넣고 휘퍼로 저어가며 가열한다.

tip. 펙틴은 덩어리지기 쉬우니 미리 설탕과 잘 섞어서 사용한다.

5. 끓어오르면 젤라틴매스를 넣고 녹인다. (냉장 3일 보관 가능)

몽타주 ①

1. 몰드(실리코마트 SF119) 옆면과 바닥에 휘핑한 피스타치오 가나슈 몽테를 바른다.
2. 피스타치오 비스퀴를 넣고 머들러를 사용해 바닥 쪽으로 평평하게 밀착시킨다.

tip. 머들러가 없다면 바닥이 평평한 도구를 사용해 피스타치오 비스퀴를 바닥에 밀착시킨다.

3. 피스타치오 크레뫼를 20g씩 파이핑한다.
4. 피스타치오 비스퀴를 넣고 머들러를 사용해 평평하게 밀착시킨다.
5. 귤 겔을 20g씩 파이핑한다.
6. 남은 몰드 윗면을 피스타치오 가나슈 몽테로 채운 뒤 12시간 이상 냉동 보관한다.

tip. 스패출러를 사용해 깔끔하게 정리한다.

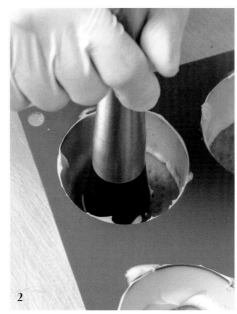

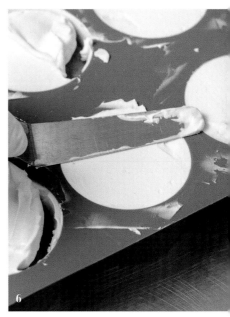

몽타주 ②

귤	적당량
피스타치오 커넬	적당량

1. 피스타치오 커넬은 푸드프로세서를 사용해 입자감이 있게 간다.

2. 무스 옆면을 열풍기를 사용해 살짝 녹인다.

3. 입자감 있게 간 피스타치오 커넬을 무스 옆면에 붙인다.

4. 파트 슈크레 위로 **3**을 올린다.

tip. 피스타치오 비스퀴 부분을 아래로 향하도록 한다.

5. 무스 윗면에 피스타치오 가나슈 몽테를 모양깍지(104번)를 이용해 꽃모양으로 파이핑한다.

6. 세그먼트한 귤을 올린다.

tip. 무스 1개당 귤을 약 1/2개 정도 사용한다.

Strawberry bouquet

딸기 부케

'딸기 부케'는 신선한 딸기에서 느낄 수 있는 플로럴한 향을 강조한 제품입니다. 제품 안에는 네 가지 꽃향기를 담아 한 입 먹는 순간 꽃다발을 받아든 느낌이 들도록 만들었어요.

여러 가지 꽃향기가 충돌해 과하게 느껴지지 않도록 바닥이 되는 부분에 고소한 코코넛 크루스티앙을 사용했는데요, 코코넛 크루스티앙의 바삭함은 식감에 있어서도 포인트를 줍니다.

A. 코코넛 크루스티앙 **B.** 바이올렛 베리 콩피 **C.** 자스민 크림
D. 오렌지 블라썸 샹티이 **E.** 초콜릿 디스크 **F.** 딸기

코코넛 크럼블*

코코넛파우더	14g
버터	23g
설탕	23g
소금	한 꼬집
아몬드파우더	14g
박력분	23g

1. 코코넛파우더를 160°C로 예열된 오븐에 10분간 굽는다.

tip. 코코넛파우더를 구워주면 고소한 맛이 더욱 살아난다.

2. **1**과 모든 재료를 푸드프로세서에 담는다.

tip. 차가운 상태의 버터를 슬라이스해 사용한다.

3. 전체적으로 쌀알 크기가 되면 마무리한다.

tip. 푸드프로세서를 짧게 끊어 사용해야 버터가 녹지 않고 보슬보슬한 상태로 완성된다.

4. 타공 팬에 고르게 펼쳐 30분간 냉동 휴지한다.

5. 160°C로 예열된 오븐에 15분 굽는다. (냉동 2주 보관 가능)

tip. 구워져 나온 직후 주걱으로 섞어주면 식은 뒤에도 덩어리지지
않는다.

코코넛 크루스티앙

블론드초콜릿 46g
(발로나 둘세 35%)

코코넛 크럼블* 75g

파에테 포요틴 87g
(칼리바우트)

1. 블론드초콜릿을 중탕해 40℃까지 녹인다.

2. 코코넛 크럼블과 파에테 포요틴에 **1**을 넣고 섞는다.

3. 타원형 무스링을 사용해 20g씩 팬닝한다.

tip. 여기에서는 ø7cm 원형 커터를 구부려 길이 8cm, 너비 6cm의 타원형으로 만들어 사용했다.

4. 머들러를 사용해 균일하게 펴준다.

5. 완성된 코코넛 크루스티앙은 무스링에서 분리해 냉동 보관한다.

바이올렛 베리 콩피

베리올렛 퓌레(카프리)	75g
설탕	18g
펙틴(선인 펙틴 젤리용)	2g
젤라틴매스	7g
엘더플라워 리큐르	9g
(디카이퍼)	

1. 베리올렛 퓌레를 40°C까지 가열한다.

2. 설탕과 펙틴을 넣고 휘퍼로 저어가며 가열한다.

tip. 펙틴은 덩어리지기 쉬우니 미리 설탕과 잘 섞어서 사용한다.

3. 젤라틴매스와 엘더플라워 리큐르를 넣고 섞는다.

4. 몰드(실리코마트 SF055)에 15g씩 채우고 12시간 이상 냉동 보관한다. (냉동 2주 보관 가능)

자스민 크림

우유	75g
자스민 티백	1개
노른자	20g
설탕	18g
옥수수전분	6g
젤라틴매스	4g
버터	54g

1. 우유에 자스민 티백을 넣고 30분간 우린 뒤 티백을 제거해 가열한다.

2. 노른자에 설탕과 옥수수전분을 넣고 섞는다.

3. **2**에 **1**을 나누어 섞는다.

4. 다시 냄비에 옮겨 농도가 생길 때까지 가열한다.

5. 전체적으로 끓어오르면 젤라틴매스를 녹인다.

6. 체에 내린다.

7

8

7. 실온 상태의 버터를 넣고 핸드블렌더로 블렌딩한다.

8. 표면을 랩으로 밀착해 12시간 이상 냉장 숙성시킨다.
   (냉장 3일 보관 가능)

오렌지 블라썸 샹티이

유크림(레스큐어)	175g
마스카르포네	175g
(엘르앤비르)	
설탕	50g
오렌지 꽃물 착향료	15g
(플뢰르 오랑제)	

모든 재료를 한 번에 90%로 휘핑한다.
(냉장 2일 보관 가능)

초콜릿 디스크

화이트초콜릿	50g
(칼리바우트)	
이산화티타늄	적당량
동결건조 딸기	적당량

1. 화이트초콜릿을 중탕으로 녹인다.

2. 녹인 화이트초콜릿 소량을 이산화티타늄과 섞는다.

3. 남은 화이트초콜릿을 섞는다.

 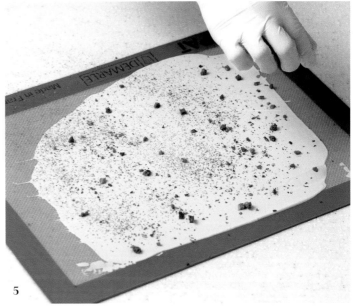

4. 4. 템퍼링한 화이트초콜릿을 투명 전사지 위에 얇게 펼친다.

5. 5. 초콜릿이 굳기 전에 동결건조 딸기를 부숴서 뿌린다. (냉장 1주 보관 가능)

템퍼링(대리석법)

❶ 초콜릿을 45℃까지 녹인다.

❷ 대리석 위에 랩을 깔고 ❶을 절반 부어 27℃까지 온도를 낮춘다.

❸ 남은 초콜릿에 ❷를 넣어 섞는다.

❹ 최종 온도를 28℃로 맞춰 사용한다.

❶ ❷ ❸ ❹

몽타주

딸기	적당량
데코젤 미로와	적당량

1. 코코넛 크루스티앙 위에 바이올렛 베리 콩피를 올린다.

2. 자스민 크림 15g을 베리 콩피 위로 올린다.

3. 스패출러를 이용해 자스민 크림을 펼쳐 바이올렛 베리 콩피를 감싼다.

4. 자스민 크림 위로 두껍게 슬라이스한 딸기를 올린다.

5. 딸기에 데코젤 미로와를 바른다.

6. 휘핑한 오렌지 블라썸 샹티이를 주걱으로 자연스럽게 떠서 딸기 위에 올린다.

7. 초콜릿 디스크를 불규칙하게 조각낸다.

8. 조각낸 초콜릿을 오렌지 블라썸 샹티이 주변에 얹어 장식한다.

Jazz

재즈

평소 재즈 음악을 좋아해 겨울에는 항상 재즈 음악으로 카페를 채웁니다. 저에게 재즈의 매력은 캐릭터가 강한 악기들이 만나 매력적인 선율을 만들어 내는 점이었어요. 이런 재즈 음악처럼 캐릭터가 강한 식재료를 사용해 서로 어우러지는 제품을 만들고자 했습니다.

커피, 다크초콜릿, 바닐라, 피칸, 헤이즐넛은 모두가 각자 주인공이 될 수 있는 존재감이 강한 재료들입니다. 이런 재료들을 한데모아 서로 시너지 효과를 낼 수 있도록 하고 싶었어요.

부드러운 무스와 입자가 느껴지도록 거칠게 갈아준 프랄리네, 아작하고 씹히는 다크초콜릿 디스크처럼 식감의 다양함도 전하기 위해 노력했습니다. 한겨울 재즈 음악과 함께 곁들이면 좋을 제품이에요.

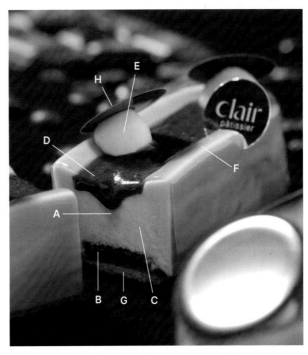

A. 바닐라 마스카르포네 크림 B. 초콜릿 비스퀴 C. 커피 무스
D. 피칸 & 헤이즐넛 프랄리네 E. 바닐라 가나슈 몽테 F. 초콜릿 뉴트럴 글레이즈
G. 파트 슈크레 H. 초콜릿 디스크

바닐라 마스카르포네 크림

유크림(레스큐어)	125g
바닐라빈	0.5개
노른자	25g
설탕	32.5g
젤라틴매스	14g
마스카르포네	75g
(엘르앤비르)	

1. 유크림에 바닐라빈의 씨를 긁어 넣고 가열한다.

2. 노른자와 설탕을 섞는다.

3. **2**에 **1**을 섞는다.

4. 다시 냄비로 옮겨 주걱으로 바닥을 저어가며 82℃까지 가열한다.

5. 젤라틴매스를 넣고 녹인다.

6. 체에 내린다.

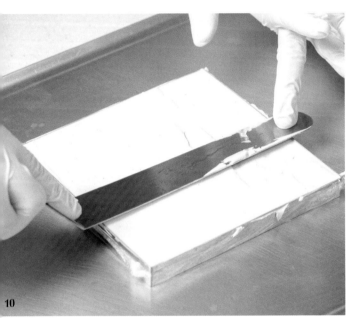

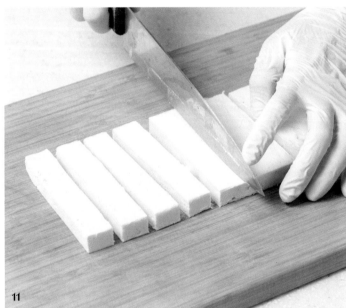

7. 표면에 랩을 밀착해 12시간 이상 냉장 숙성시킨다.

8. 숙성시킨 크림을 핸드블렌더를 사용해 부드럽게 푼다.

tip. 되기가 다른 두 크림을 섞을 때 바로 휘핑하면 덩어리가 잘 풀리지 않으므로 단단한 상태의 크림을 먼저 핸드블렌더로 풀어주고 휘핑한다.

9. 마스카르포네를 넣고 믹싱한다.

10. 낮은 사각 무스틀(15×15×1cm)의 밑면을 랩으로 감싸고 완성한 바닐라 마스카르포네 크림을 가득 채워 12시간 이상 냉동 보관한다.

11. 2×10cm 크기로 자른다. (냉동 2주 보관 가능)

초콜릿 비스퀴

노른자	63g
설탕A	20g
흰자	90g
설탕B	20g
아몬드파우더	20g
코코아파우더	14g
유크림(레스큐어)	15g
다크초콜릿	18g
(발로나 카라이브 66%)	
버터	42g

1. 노른자와 설탕A를 아이보리 색이 날 때까지 믹싱한다.

2. 흰자에 설탕B를 나누어 넣으며 단단하게 믹싱한다.

3. 1에 2를 두 번 나누어 넣고 주걱으로 가볍게 섞는다.

tip. 머랭이 사그러들지 않도록 주걱을 세워 가볍게 섞는다.

4. 체 친 아몬드파우더, 코코아파우더를 넣고 가볍게 섞는다.

5. 미지근한 상태의 유크림을 넣고 가볍게 섞는다.

6. 다크초콜릿과 버터를 중탕으로 45°C까지 녹여 **5**의 반죽 소량과 섞는다.

7. 남은 **5**의 반죽을 가볍게 섞는다.

8. 몰드(실리코마트 TAPIS ROULADE 325×325)에 300g 채운다.

tip. 스패출러나 스크래퍼를 이용해 평평하게 정리한다.

9. 170°C로 예열된 오븐에 12분 굽는다.

10. 식은 비스퀴는 2×10cm로 자른다. (냉동 2주 보관 가능)

커피 무스

디카페인 원두	25g
우유	125g
바닐라빈	1개
젤라틴매스	20g
화이트초콜릿	168g
(발로나 오팔리스 33%)	
유크림(레스큐어)	168g

1. 디카페인 원두를 향이 뿜어져 나올 정도로만 가볍게 간다.

tip. 이 제품은 카페인을 드시지 못하는 분들을 위해 디카페인 원두를 사용했지만 일반 원두를 사용해도 좋다.

2. 우유, 바닐라빈과 함께 섞어 하루 정도 냉장고에서 우린다.

3. 체에 거른 뒤 무게를 잰다. 125g보다 적은 경우 우유를 추가해 125g으로 맞춘다.

4. 불에 올려 55℃까지 데운 뒤 젤라틴매스를 넣고 녹인다.

5. 화이트초콜릿에 **4**를 체에 걸러 넣고 섞는다.

6. 핸드블렌더로 블렌딩해 28℃까지 식힌다.

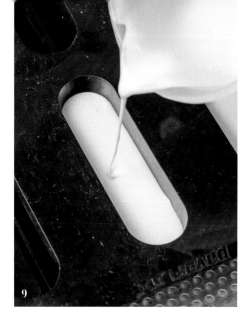

7

8

9

7.   유크림은 60%로 휘핑한다.

8.   **6**을 **7**에 3회에 나누어 섞는다.

9.   **8**을 몰드(파보니 PAVOFLEX PX036 ROUND CAVITY 20)에 50% 채운다.

10.   바닐라 마스카르포네 크림을 중앙에 넣는다.

11.   남은 바닐라 마스카르포네 크림을 몰드의 90%까지 채운다.

12.   초콜릿 비스퀴를 넣고 12시간 이상 냉동 보관한다. (냉동 2주 보관 가능)

tip.   스패출러를 사용해 깔끔하게 정리한다.

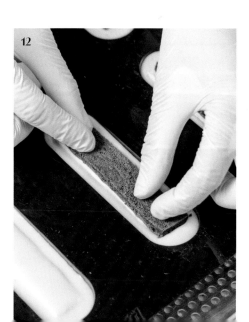

10

11

12

피칸 & 헤이즐넛 프랄리네

설탕	43g
물	23g
피칸 분태	40g
헤이즐넛	30g
포도씨유	적당량

1. 설탕과 물을 가열한다.

2. 118°C가 되면 피칸 분태와 헤이즐넛을 넣고 중불로 볶는다.

tip. 피칸 분태와 헤이즐넛은 50°C로 데워 사용한다.

3. 시럽이 녹고 하얗게 재결정화가 되면 불을 약불로 줄여 진한 갈색이 나도록 볶는다.

4. 테프론시트에 넓게 펼쳐 굳혀 프랄린을 완성한다.

5. 완전히 식으면 푸드프로세서를 사용해 곱게 갈아 프랄리네로 완성한다. (냉장 2주 보관 가능)

tip. 프랄린이 너무 되직해 갈리지 않으면 포도씨유를 추가해 부드럽게 간다.
완성된 프랄리네는 체에 걸러 남아 있을 수 있는 덩어리를 제거한 뒤, 파이핑백에 담아 보관한다.

바닐라 가나슈 몽테

유크림(레스큐어)	200g
바닐라빈	0.5개
젤라틴매스	7g
화이트초콜릿	55g
(발로나 오팔리스 33%)	
바닐라 럼❖	4g

❖ 바닐라 럼은 화이트 럼(바카디)
　한 병에 사용하고 남은 바닐라빈 껍질
　20개를 넣고 1달 정도 두어 향이
　우러나면 사용한다.

1. 유크림과 바닐라빈을 함께 김이 날 때까지 가열한다.

2. 젤라틴매스를 넣고 녹인다.

3. 화이트초콜릿에 **2**를 체에 걸러 넣고 섞는다.

4. 바닐라 럼을 넣는다.

5. 핸드블렌더로 블렌딩한다.

6. 표면을 랩으로 밀착하고 냉장고에서 12시간 이상 숙성시킨다. (냉장 3일 보관 가능)

초콜릿 뉴트럴 글레이즈

물	100g
레몬즙	6g
물엿	20g
설탕A	52g
펙틴(프랑수아 x58)	2g
설탕B	20g
코코아파우더	1g

1. 물, 레몬즙, 물엿, 설탕A를 50°C까지 가열한다.

2. 펙틴과 설탕B를 넣고 섞는다.

tip. 펙틴은 덩어리지기 쉬우니 미리 설탕과 잘 섞어서 사용한다.

3. 핸드블렌더로 블렌딩한다.

4. 85°C까지 가열한다.

5. 표면을 랩으로 밀착하고 냉장고에서 12시간 이상 숙성시킨다.

6. 숙성시킨 **5**에 코코아파우더를 핸드블렌더를 서용해 블렌딩한다.

7. 35°C로 데워 사용한다. (냉장 1주 보관 가능)

5

6

7

파트 슈크레

버터	125g
슈거파우더	80g
소금	1g
아몬드파우더	30g
달걀	45g
박력분	210g

1. 실온 상태의 버터를 부드럽게 푼다.

2. 슈거파우더와 소금을 넣고 아이보리 색이 날 때까지 믹싱한다.

3. 체 친 아몬드파우더를 넣고 섞는다.

4. 달걀을 나누어 섞는다.

tip 실온 상태의 달걀을 사용한다.

5. 체 친 박력분 1/2을 넣고 전체적으로 섞어준 뒤, 나머지 박력분을 넣고 섞는다.

tip. 가루가 쉽고 빠르게 섞일 수 있도록 나누어 섞는다.

6. 완성된 반죽은 랩핑한 뒤 냉장고에서 12시간 휴지시킨다.

7. 두께 2mm로 밀어 편 뒤 커터(실리코마트 FINGERS 75)로 자른다.

tip. 파이롤러를 사용하거나, 두께 2mm의 각봉을 양쪽에 대고 일정하게 밀어 편다.
롤 비닐 사이에 반죽을 넣고 밀어 펴면 덧가루 없이 손쉽게 작업할 수 있다.

8. 오븐 팬에 타공 매트를 깔아주고 반죽을 팬닝한 뒤, 다시 타공 매트를 올린다.

9. 160°C로 예열된 오븐에 15분 굽는다. (냉동 2주 보관 가능)

tip. 오븐 성능에 따라 굽는 시간에 차이가 있을 수 있으니 구움색을 보고 판단한다.

5

6

7

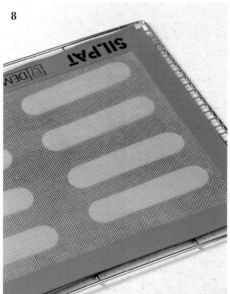

8

9

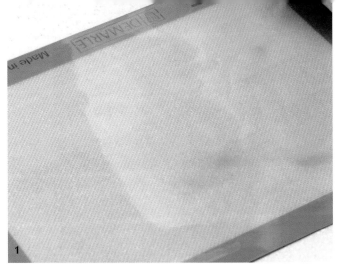
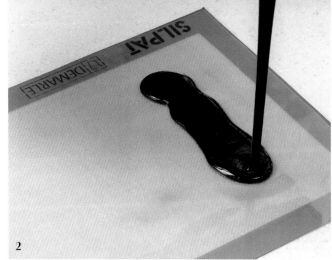

초콜릿 디스크

다크초콜릿   적당량
(발로나 카라이브 66%)
식용 금가루   적당량

1. 투명 초콜릿 전사지에 식용 금가루를 적당량 뿌린다.

2. 템퍼링한 다크초콜릿을 금 펄 위로 붓는다.

3. 투명 초콜릿 전사지를 덮은 뒤, 밀대를 이용해 얇고 고르게 펼친다.

4. 초콜릿이 반쯤 굳었을 때 원형 커터(Ø 2.6cm/ Ø 3.4cm)를 사용해 자른다. (냉장 1주 보관 가능)

템퍼링(접종법)

❶ 초콜릿을 50℃까지 녹인다.

❷ 초콜릿을 추가로 넣어 28℃까지 온도를 낮춘다.

▶ 초콜릿은 한 번에 많은 양을 넣으면 잘 녹지 않을 수 있으므로, 소량씩 추가해 사용한다.

❸ 최종 온도를 31~32℃로 맞춰 사용한다.

❶

❷

❸

몽타주

1. 이쑤시개 또는 꼬치를 사용해 무스를 들어 올려 35~40℃로 데운 초콜릿 글레이즈를 코팅한다.

tip. 초콜릿 뉴트럴 글레이즈는 쉽게 덩어리지므로, 사용할 때 틈틈이 핸드블렌더로 갈아주며 사용한다.

2. 흐르는 글레이즈는 랩을 깐 테이블 위에서 깔끔하게 정리한다.

1-1

1-2

2

3. 파트 슈크레 위로 무스를 올린다.

4. 무스의 중앙에 피칸 & 헤이즐넛 프랄리네를 파이핑한다.

5. 휘핑한 바닐라 가나슈 몽테를 원형깍지(ø 11mm)를 사용해 파이핑한다.

6. 초콜릿 디스크를 올려 마무리한다.

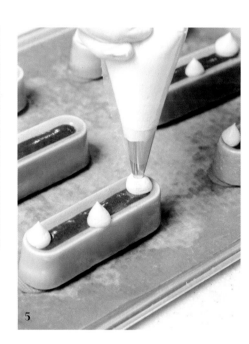

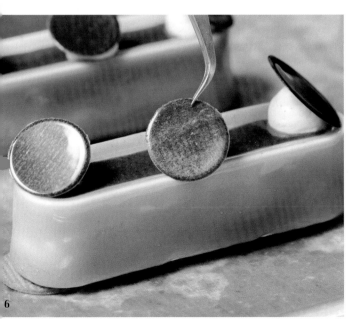

Coffee & nutmeg

커피 & 넛멕

'커피 & 넛멕'은 추운 겨울날, 조용하게 즐기는
티타임을 떠올리며 만들었습니다.

버터가 많이 들어간 파운드 케이크에 크림을 얹
은 단순한 조합의 이 제품은 입안에 넣으면 넛멕
과 시나몬, 오렌지 향이 각자의 개성을 뽐내는 매
력적인 제품입니다.

따뜻한 차와 함께 먹으면 입안에서 향이 더 풍부
하게 퍼져 티타임에 잘 어울리는 디저트입니다.

A. 커피 파운드 + 아마레또 시럽 **B.** 넛멕 샹티이 크림 **C.** 오렐리스 코팅

아마레또 시럽

물	80g
설탕	40g
아몬드 리큐르	6g
(디종 아마레또)	

1. 물과 설탕을 넣고 가열한다.

2. 설탕이 녹으면 불에서 내려 아몬드 리큐르를 넣는다. (냉장 3일 보관 가능)

커피 파운드

레몬필	50g
커피 리큐르(깔루아)	3g
버터	156g
슈거파우더	122g
아몬드파우더	156g
달걀	34g
노른자	56g
우유	18g
에스프레소	14g
흰자	90g
설탕	34g
박력분	78g

1. 레몬필에 깔루아를 넣고 섞는다.

tip. 시판 레몬필의 종류에 따라 적당한 크기로 잘라 사용한다.

2. 실온 상태의 버터를 부드럽게 푼다.

3. 슈거파우더를 넣고 아이보리 색이 날 때까지 빠르게 믹싱한다.

tip. 슈거파우더가 날리지 않도록 초반에는 가볍게 저은 뒤, 고속으로 작업한다.

4. 체 친 아몬드파우더를 넣고 섞는다.

5. 달걀과 노른자를 3회에 나누어 섞는다.

6. **5**에 **1**과 우유, 에스프레소를 넣고 섞는다.

7

8

9

7.   흰자에 설탕을 넣고 90%로 휘핑해 머랭을 만든다.

8.   **6**에 머랭 절반을 넣고 주걱으로 가볍게 섞는다.

9.   체 친 박력분을 넣고 가볍게 섞는다.

10.   나머지 머랭을 넣고 섞는다.

11.   몰드(MESSE 미니 파운드 틀 8구 36×24cm)에 100g씩 채운다.

12.   170°C로 예열된 오븐에 20분 굽고 뒤집어 5분 추가로 굽는다.

10

11

12

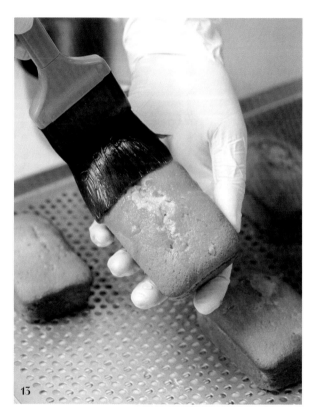 

13. 굽고 나오면 바로 아마레또 시럽을 전체적으로 바른다.

14. 완전히 식으면 랩으로 감싸고 실온에서 하룻밤 보관한 뒤
    냉동 보관한다. (냉동 2주 보관 가능)

tip. 실온에 보관하는 동안 케이크 안의 수분과 풍미가 안정화된다.

넛멕 샹티이

마스카르포네	300g
(엘르앤비르)	
유크림(레스큐어)	300g
설탕	55g
넛멕파우더	1.5g
시나몬파우더	0.5g

모든 재료를 한 번에 휘핑한다.
(냉장 2일 보관 가능)

tip. 넛멕파우더와 시나몬파우더는
소량의 차이로도 맛에 영향을 주므로
소숫점 저울을 사용해 정확하게
계량하는 것이 좋다.

오렐리스 코팅

화이트초콜릿	200g
(발로나 오렐리스 35%)	
카카오버터	20g
구운 헤이즐넛 분태	50g

1. 화이트초콜릿을 중탕으로 녹인다.

2. 카카오버터를 중탕으로 녹인 뒤 **1**에 넣고 섞는다.

3. 헤이즐넛 분태를 섞는다. (실온 2주 보관 가능)

몽타주

화이트초콜릿　　적당량
(발로나 오렐리스 35%)
밀크초콜릿　　적당량
(칼리바우트)

1. 얼려둔 커피 파운드를 오렐리스 코팅으로 디핑한다.

2. 휘핑한 넛멕 샹티이를 자연스러운 모양으로 퍼 올린다.

3. 샹티이 위로 밀크초콜릿을 제스터로 갈아 뿌린다.

Pecan & chai tea

피칸 & 차이

오래 전 네팔 여행을 다녀온 지인에게 마살라 차 이 티를 선물 받은 적이 있는데, 가볍게 마시기에 는 향신료 향이 강해서 손이 잘 가지 않던 제품이 었습니다.

시간이 지나 차이 티를 밀크티 형태로 판매하는 곳이 늘어나면서 다시 한번 차이 티를 마셔보았 는데, 유제품과 만난 차이 티의 매력에 빠졌습니 다. 홍차에 다양한 향신료를 더해 따뜻한 뉘앙스 를 풍기는 차이 티를 마시면 온몸이 따뜻하게 열 이 오르는 느낌이었어요. 이 매력적인 재료를 피 칸과 함께 사용해 디저트로 만들어 보았습니다. 쌀쌀한 날씨에 더욱 잘 어울리는 제품입니다.

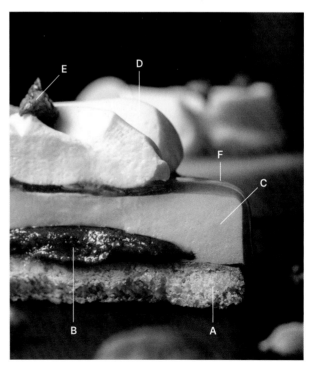

A. 바닐라 사블레 브르통 B. 피칸 프랄리네 C. 피칸 오렐리스 무스
D. 마살라 차이 가나슈 몽테 E. 피칸 프랄린 F. 초콜릿 뉴트럴 글레이즈

바닐라 사블레 브르통

버터	75g
설탕	65g
소금	0.5g
노른자	30g
중력분	100g
베이킹파우더	0.5g
바닐라파우더	1g

1. 실온 상태의 버터를 부드럽게 푼다.

2. 설탕과 소금을 넣고 아이보리 색이 날 때까지 빠르게 믹싱한다.

3. 노른자를 3회에 나누어 섞는다.

4. 체 친 중력분과 베이킹파우더, 바닐라파우더 넣고 주걱으로 가르듯이 섞는다.

1

2

3

4

5   6   7

8   9

5.   완성된 반죽은 가볍게 치대 한 덩어리로 만들어 랩핑한 뒤 휴지시킨다.

6.   두께 0.5cm로 밀어 편 뒤 냉동 보관한다. (냉동 2주 보관 가능)

tip.   파이롤러를 사용하거나, 두께 0.5cm의 각봉을 양쪽에 대고 일정하게 밀어 편다.
        롤 비닐 사이에 반죽을 넣고 밀어 펴면 덧가루 없이 손쉽게 작업할 수 있다.

7.   타공 타르트링(ø 8cm)을 이용해 자른다.

8.   타르트링이 끼워진 상태로 철판에 팬닝한다.

9.   170℃로 예열된 오븐에 12분 굽는다.

tip.   철판에 타공 매트를 깔아 제품을 구우면 제품 표면에 불규칙하게 부풀어 오르는 것을 막을 수 있다.
        굽고 나온 직후에 타르트 옆면을 칼을 이용해 살짝 긁어 쉽게 반죽이 떨어지도록 한다.

피칸 프랄린

설탕	100g
물	40g
피칸 분태	110g
버터	20g

1. 설탕과 물을 118°C까지 가열한다.

2. 피칸 분태를 넣고 진한 갈색이 나도록 중불에 볶는다.

tip. 피칸 분태는 50°C로 데워 사용한다.

3. 버터를 넣고 섞는다.

4. 테프론시트에 넓게 펼쳐 굳힌다. (실온 2주 보관 가능)

피칸 프랄리네

설탕	100g
물	35g
피칸 분태	166g

1. 설탕과 물을 가열한다.

2. 118℃가 되면 피칸 분태를 넣고 중불로 볶는다.

tip. 피칸 분태는 50℃로 데워 사용한다.

3. 시럽이 녹고 하얗게 재결정화가 되면 불을 약불로 줄여 진한 갈색이 나도록 볶는다.

4. 테프론시트에 넓게 펼쳐 굳힌다.

5. 완전히 식으면 푸드프로세서를 사용해 곱게 간다.

6. 몰드(실리코마트 SF044)에 10g씩 채워 냉동 보관한다. (냉동 4주 보관 가능)

tip. 당도가 높은 피칸 프랄리네는 잘 얼지 않으므로 -25℃ 이하의 냉동고에서 냉동하는 것이 좋다.

피칸 오렐리스 무스

우유	200g
구운 피칸 분태	96g
젤라틴매스	70g
화이트초콜릿	160g
(발로나 오렐리스 35%)	
유크림(레스큐어)	210g

1. 우유에 구운 피칸 분태를 넣고 끓기 직전까지 가열한다.

tip. 피칸은 150℃에 15분 로스팅해 사용한다.

2. 불에서 내려 핸드블렌더로 블렌딩한 뒤 랩을 덮어 30분 우린다.

3. 체에 거른 뒤 다시 가열한 뒤 무게를 잰다. 200g보다 적은 경우 우유을 추가해 200g으로 맞춘다.

4. 다시 가열한 뒤 젤라틴매스를 넣고 녹인다.

5

6

7

8

9

10

5. 반쯤 녹인 화이트초콜릿에 **4**를 부어 핸드블렌더로 블렌딩한다.

tip. 전자레인지를 30초 단위로 짧게 사용해 초콜릿이 타지 않게 절반 정도 녹여 준비한다.

6. 유크림을 80~90%로 휘핑한다.

7. **6**에 20°C까지 식힌 **5**를 3회에 나누어 섞는다.

8. 몰드(실리코마트 SQ077)에 무스를 80% 채운다.

9. 얼려둔 피칸 프랄리네를 중앙에 넣는다.

tip. 당도가 높은 피칸 프랄리네는 쉽게 녹으므로 빠르게 작업한다.

10. 피칸 프랄리네 위로 무스를 덮고 스패츌러로 윗면을 깔끔하게 정리한 뒤 냉동 보관한다.
    (냉동 2주 보관 가능)

마살라 차이 가나슈 몽테

유크림(레스큐어)   200g

마살라 차이 티   4g

화이트초콜릿   100g

(발로나 오팔리스 33%)

젤라틴매스   7g

1. 유크림에 마살라 차이 티를 넣고 끓기 직전까지 데운 뒤 불에서 내려
   랩을 덮어 30분 우린다.

2. 체에 내린 뒤 다시 김이 날 때까지 가열한다.

3. 화이트초콜릿과 젤라틴매스에 2를 부어주고 핸드블렌더를 사용해 블렌딩한다.

4. 표면을 랩으로 밀착하고 냉장고에서 12시간 이상 숙성한 뒤 단단하게 휘핑해 사용한다.
   (냉장 1주 보관 가능)

1

2

3

4-1

4-2

초콜릿 뉴트럴 글레이즈

물	100g
레몬즙	6g
물엿	20g
설탕A	52g
펙틴(프랑수아 x58)	2g
설탕B	20g
코코아파우더	1g

1. 물, 레몬즙, 물엿, 설탕A를 50°C까지 가열한다.

2. 펙틴과 설탕B를 넣고 섞는다.

tip. 펙틴은 덩어리지기 쉬우니 미리 설탕과 잘 섞어서 사용한다.

3. 핸드블렌더로 블렌딩한다.

4. 85°C까지 가열한다.

5. 표면을 랩으로 밀착하고 냉장고에서 12시간 이상 숙성시킨다.

6. 코코아파우더를 넣고 핸드블렌더를 사용해 블렌딩한다. (냉장 1주 보관 가능)

7. 35°C로 데워 사용한다.

몽타주

1. 피칸 오렐리스 무스 위로 초콜릿 뉴트럴 글레이즈를 코팅한다.

tip. 초콜릿 뉴트럴 글레이즈는 쉽게 덩어리지므로 사용할 때 틈틈이 핸드블렌더로 갈아주며 사용한다.

2. 바닐라 사블레 브르통 위에 올린다.

3. 휘핑한 마살라 차이 가나슈 몽테를 시폰깍지(481번)를 사용해 무스 위에 파이핑한다.

4. 피칸 프랄린을 올려 마무리한다.

解氷

해빙

'해빙'이라는 제품은 기후 변화에 대한 제 관심을 반영한 결과물입니다. 최근 극심한 가뭄과 예상치 못한 홍수가 세계적으로 발생하면서 이 변화가 식재료에 미치는 영향에 대해 크게 고민하게 되었습니다. 특히 파티시에가 자주 사용하는 초콜릿, 유제품, 과일, 바닐라 등 식재료가 예외 없이 모두 영향을 받고 있다는 사실을 알고 제품 개발에 임했습니다.

해빙은 이러한 위기적인 기후 상황을 다시 한 번 생각하게 하기 위해 탄생했습니다. 제품에 사용된 모든 식재료는 기후 변화로 인해 생산량이 줄거나 생산지가 변하는 재료들입니다. 또한 빙하가 갈라지고 깨지는 모습을 형상화하기 위해 화이트초콜릿을 사용하여 빙하의 모양을 재현했습니다.

A. 바닐라 사블레 브르통 **B.** 바나나 소테 **C.** 과나하 무스
D. 초콜릿 글레이즈 **E.** 초콜릿 디스크

바닐라 사블레 브르통

버터	75g
설탕	65g
소금	0.5g
노른자	30g
중력분	100g
베이킹파우더	0.5g
바닐라파우더	1g

1. 실온 상태의 버터를 부드럽게 푼다.

2. 설탕과 소금을 넣고 아이보리 색이 날 때까지 빠르게 믹싱한다.

3. 노른자를 3회에 나누어 섞는다.

4. 체 친 중력분과 베이킹파우더, 바닐라파우더를 넣고 주걱으로 가르듯이 섞는다.

1

2

3

4

5. 완성된 반죽은 랩핑한 뒤 휴지시킨다.

6. 두께 0.5cm로 밀어 편 뒤 냉동 보관한다. (냉동 2주 보관 가능)

tip. 파이롤러를 사용하거나, 두께 0.5cm의 각봉을 양쪽에 대고 일정하게 밀어 편다.
롤 비닐 사이에 반죽을 넣고 밀어 펴면 덧가루 없이 손쉽게 작업할 수 있다.

7. 타공 타르트링(ø 8cm)을 이용해 자른다.

8. 타르트링이 끼워진 상태로 철판에 올린다.

9. 170℃로 예열된 오븐에 12분 굽는다.

tip. 철판에 타공 매트를 깔아 제품을 구우면 제품 표면에 불규칙하게 부풀어 오르는 것을 막는다.
굽고 나온 직후에 타르트 옆면을 칼을 이용해 살짝 긁어 쉽게 반죽이 떨어지도록 한다.

바나나 소테

껍질 벗긴 바나나	184g
설탕	60g
유크림(레스큐어)	60g
젤라틴매스	28g
시나몬파우더	0.4

1. 껍질 벗긴 바나나를 적당한 크기로 썬다.

tip. 캐러멜을 입히는 과정에서 바나나 조각이 작아지므로 너무 작게 썰지 않는다.

2. 설탕을 진한 갈색이 될 때까지 가열해 캐러멜화시킨다.

3. 따뜻한 상태의 유크림을 넣고 섞는다.

tip. 유크림의 온도가 낮으면 끓어 넘침과 덩어리짐이 발생할 수 있으므로 중탕이나 전자레인지로
가열해 사용한다.

4. 젤라틴매스를 넣고 녹인다.

5. 시나몬파우더를 넣고 섞는다.

6. 바나나를 넣고 바나나 숨이 죽도록 살짝 볶는다.

tip. 바나나의 형태가 살아 있고 너무 뭉개지지 않도록 살짝 볶아 마무리한다.

7. 몰드(실리코마트 SQ077)에 40g씩 채운다.

8. 12시간 이상 냉동 보관한다. (냉동 2주 보관 가능)

아니스 앙글레이즈*

유크림(레스큐어)	50g
우유	50g
아니스 씨	0.4g
노른자	20g
설탕	10g
젤라틴매스	14g

1. 유크림과 우유, 아니스 씨를 김이 날 때까지 가열한다.

2. 노른자에 설탕을 넣고 가볍게 섞는다.

3. **2**에 **1**을 넣고 섞는다.

4. 다시 냄비로 옮겨 82°C로 가열해 앙글레이즈로 만든다.

5. 젤라틴매스를 넣고 녹인다.

tip. 완성된 아니스 앙글레이즈는 따로 보관하지 않고 바로 과나하 무스로 만들어 사용한다.

과나하 무스

다크초콜릿	124g
(발로나 과나하 70%)	
아니스 앙글레이즈*	120g
유크림(레스큐어)	180g
핑크 페퍼	적당량

1. 다크초콜릿에 아니스 앙글레이즈를 체에 걸러 섞어 녹인다.

tip. 앙글레이즈를 끓인 직후에 체에 걸러 다크초콜릿과 섞는다.

2. 유크림을 60%로 휘핑한다.

3. **1**을 45°C로 식힌 뒤 **2**에 나누어 섞는다.

4. 몰드(실리코마트 SQ077)에 50g씩 채운다.

5. 핑크 페퍼를 소량 뿌린다.

tip. 핑크 페퍼를 손으로 가볍게 으깨어 한 몰드에 3~4알 정도 뿌린다.

6. 얼린 바나나 소테를 올린 뒤 냉동고에 얼린다. (냉동 2주 보관 가능)

tip. 바나나 소테의 매끈한 부분이 바깥쪽으로 보이도록 과나하 무스에 올린다.

1

2

3

4

5

6

초콜릿 글레이즈

유크림(레스큐어)	80g
물	96g
설탕	120g
코코아파우더	40g
젤라틴매스	28g

1. 유크림, 물, 설탕을 103℃까지 가열한다.

2. 체 친 코코아파우더를 섞는다.

3. 젤라틴매스를 넣고 핸드블렌더로 블렌딩한다.

4. 체에 거른 뒤 표면에 랩을 밀착해 12시간 이상 냉장 숙성시킨다. (냉장 1주 보관 가능)

초콜릿 디스크

화이트초콜릿   적당량
(칼리바우트)

이산화티타늄   적당량

1. 화이트초콜릿을 중탕으로 녹인다.

2. 녹인 화이트초콜릿 소량을 덜어내 이산화티타늄과 섞는다.

tip. 이산화티타늄을 효과적으로 섞기 위해 초콜릿 소량과 먼저 섞어 사용한다.

3. **2**와 남은 화이트초콜릿을 섞는다.

4. 템퍼링(269p)을 진행한 뒤 투명 초콜릿 전사지 사이에 붓고 밀대를 이용해 얇게 펼친다.
   (냉장 2주 보관 가능)

1

2

3

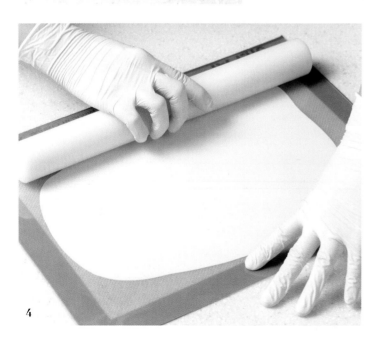

4

몽타주

1. 무스의 옆면을 칼을 사용해 매끈하게 다듬는다.

2. **1**에 30°C로 녹인 초콜릿 글레이즈를 부어 코팅한다.

3. 사블레 브르통 위에 **2**를 올린다.

4. 초콜릿 디스크를 불규칙하게 조각내 올린다.

Holiday

홀리데이

매년 겨울에는 항상 딸기를 이용한 제품을 만들고 있습니다. 매번 딸기가 주인공이었지만 이번 '홀리데이'에서는 반대로 루이보스를 주재료로 하고 딸기는 루이보스를 돋보이게 하는 부재료로 사용했습니다.

약간의 스파이시함이 느껴지는 루이보스와 진저 파인애플 겔, 딸기 콩포트를 사용해 일반적인 딸기 디저트와는 다른 느낌을 주고 싶었습니다. 화려한 비주얼로 연말연시 모임에서 작은 크기에도 존재감을 드러낼 수 있도록 신경을 쓴 제품입니다.

A. 코코넛 크루스티앙 B. 진저 파인애플 겔 C. 베리 콩포트 + 뉴트럴 글레이즈
D. 루이보스 무스 E. 바닐라 가나슈 몽테 F. 레드 초콜릿 코팅

How to Make - 8개 분량 -

코코넛 크럼블*

코코넛파우더	14g
버터	23g
설탕	23g
소금	1g
아몬드파우더	14g
박력분	23g

1. 코코넛파우더를 160°C로 예열된 오븐에 10분 굽는다.

2. **1**과 모든 재료를 푸드프로세서에 담는다.

tip. 버터는 깍둑썰어 차갑게 사용한다.

3. 쌀알 크기가 될 때까지 보슬보슬하게 간다.

4. 냉동고로 옮겨 잠시 얼린다.

5. 160°C로 예열된 오븐에 15분 굽는다. (냉동 2주 보관 가능)

tip. 굽는 중간 크럼블을 섞어 고르게 색을 낸다.

1

2

3

4

5

코코넛 크루스티앙

블론드초콜릿	46g
(발로나 둘세 35%)	
코코넛 크럼블*	75g
파에테 포요틴	87g
(칼리바우트)	

1. 블론드초콜릿을 중탕으로 40°C까지 녹인다.

2. 코코넛 크럼블과 파에테 포요틴에 **1**을 넣고 고르게 섞는다.

3. 타공 타르트링(ø 8cm) 안에 20g씩 채운다.

4. 머들러를 사용해 균일하게 펼친다.

5. 완성된 코코넛 크루스티앙은 타르트링에서 분리해 냉동 보관한다. (냉동 2주 보관 가능)

진저 파인애플 겔

프로즌 스페셜티 위드

진저 퓌레(브와롱)	80g
물	26g
설탕	18g
옥수수전분	7g

1. 진저 퓌레와 물을 김이 날 때까지 가열한다.

2. 설탕과 옥수수전분을 넣고 농도가 생길 때까지 가열한다.

3. 몰드(실리코마트 SF028)에 15g씩 채우고 고르게 펼친다. (냉동 2주 보관 가능)

베리 콩포트

딸기	적당량
냉동 딸기	80g
냉동 라즈베리	80g
설탕A	22g
설탕B	11g
펙틴(선인 펙틴 젤리용)	2g
레몬즙	10g
젤라틴매스	14g

1. 딸기를 0.5cm 두께로 슬라이스한다.

2. 몰드(실리코마트 SF028)에 슬라이스한 딸기를 한 개씩 넣는다.

tip. 제품 상단에 드러나는 딸기이므로 모양이 예쁜 부분만 사용한다.

3. 냄비에 냉동 딸기와 냉동 라즈베리를 넣고 해동해 핸드블렌더로 블렌딩한다.

4. **3**에 설탕A를 넣고 40°C까지 가열한다.

5. 설탕B와 펙틴을 넣고 휘퍼로 저어가며 가열한다.

tip. 펙틴은 덩어리지기 쉬우니 미리 설탕과 잘 섞어서 사용한다.

6. 전체적으로 끓으면 레몬즙과 젤라틴매스를 넣고 섞는다.

7. **2**에 완성된 베리 콩포트를 20g씩 채운다.

tip. 완성된 콩포트를 바로 팬닝하면, 딸기 슬라이스 아래로 콩포트가 스며들어 단면이 지저분해진다.
한 김 식힌 뒤 온기가 살짝 남아 있을 때 채운다.

8. 12시간 이상 냉동 보관한다. (냉동 2주 보관 가능)

루이보스 무스

우유	92g
바닐라빈	1개
루이보스 티백	1개
젤라틴매스	15g
화이트초콜릿	125g
(발로나 오팔리스 33%)	
유크림(레스큐어)	125g

1. 우유, 바닐라빈, 루이보스 티백을 끓기 직전까지 가열한 뒤 불을 끄고 랩을 덮어 30분 우린다.

2. 바닐라빈 껍질과 루이보스 티백을 건져낸 뒤, 다시 가열한 뒤 무게를 잰다. 92g보다 적은 경우 우유를 추가해 92g으로 맞춘다.

3. 다시 가열해 55℃까지 데우고 젤라틴매스를 넣고 녹인다.

4. 체에 내려 화이트초콜릿과 섞어 녹인다.

5. 핸드블렌더로 블렌딩한 뒤 28°C까지 식힌다.

6. 유크림을 60%로 휘핑한다.

7. **6**에 **5**를 3회에 나누어 섞는다.

8. 몰드(실리코마트 SQ077)에 50% 채운다.

9. 진저 파인애플 겔을 중앙에 넣는다.

10. 루이보스 무스를 추가로 채워 마무리한다.

11. 12시간 이상 냉동 보관한다. (냉동 2주 보관 가능)

tip. 스패출러를 사용해 깔끔하게 정리한다.

바닐라 가나슈 몽테

유크림(레스큐어)   200g

바닐라빈   0.5개

젤라틴매스   7g

화이트초콜릿   55g

(발로나 오팔리스 33%)

바닐라 럼✿   4g

✿ 바닐라 럼은 화이트 럼(바카디)
  한 병에 사용하고 남은 바닐라빈 껍질
  20개를 넣고 1달 정도 두어 향이
  우러나면 사용한다.

1. 유크림과 바닐라빈을 김이 날 때까지 가열한다.

2. 젤라틴매스를 넣고 녹인다.

3. 화이트초콜릿에 **2**를 체에 걸러 넣고 섞는다.

4. 바닐라 럼을 넣는다.

5. 핸드블렌더로 블렌딩한다.

6. 표면을 랩으로 밀착하고 냉장고에서 12시간 이상 숙성시킨다. (냉장 3일 보관 가능)

1   **2**   **3**

뉴트럴 글레이즈

물	50g
설탕	100g
물엿	150g
젤라틴매스	55g
레몬즙	18g

1.   물과 설탕, 물엿을 105°C까지 가열한다.

2.   불에서 내린 뒤 젤라틴매스와 레몬즙을 넣고 섞는다.

3.   표면에 랩을 밀착한 뒤 12시간 냉장 숙성시킨다.

4.   완성된 뉴트럴 글레이즈는 중탕으로 녹여 사용한다. (냉장 1주 보관 가능)

레드 초콜릿 코팅

화이트초콜릿	200g
(칼리바우트)	
식용유	20g
레드 지용성 색소	적당량

1. 화이트초콜릿을 중탕으로 녹인다.

2. 식용유를 넣고 섞는다.

3. **2**의 일부를 덜어 레드 지용성 색소를 섞는다.

4. 남은 **2**와 **3**을 섞어 완성한다. (실온 2주 보관 가능)

몽타주

동결건조 딸기   적당량

1. 루이보스 무스를 녹인 레드 초콜릿 코팅에 디핑한다.

tip. 무스 상단에 포크를 꽂아 정방향으로 디핑한다.

2. 랩을 깐 테이블에서 밑면을 깔끔하게 정리한다.

tip. 차가운 무스에 닿은 초콜릿은 과하게 두꺼워질 수 있으므로 빠르게 작업한 뒤 밑면을 깔끔하게 정리해 마무리한다.

3. 코코넛 크루스티앙 위에 올린다.

4. 조각낸 동결건조 딸기에 레드 초콜릿 코팅을 살짝 찍어 무스의 옆면에 붙인다.

5. 베리 콩포트를 35~40°C로 녹인 뉴트럴 글레이즈로 코팅한다.

tip. 뉴트럴 글레이즈가 더이상 흘러내리지 않을 때까지 기다린 뒤 무스 위로 옮긴다.

1

2

5

4

5-1

5-2

5. 루이보스 무스 위에 올린다.

6. 휘핑한 바닐라 가나슈 몽테를 모양깍지(104번)를 이용해 베리 콩포트에 두른다.

다쿠아즈
장은영 지음 | 168p | 16,000원

파운드케이크
장은영 지음 | 196p | 19,000원

보틀 디저트
장은영 지음 | 200p | 28,000원

CHOCOLATE
이민지 지음 | 216p | 24,000원

마망갸또 캐러멜 디저트
피윤정 지음 | 304p | 37,000원

콩맘의 케이크 다이어리
정하연 지음 | 328p | 28,000원

콩맘의 케이크 다이어리 2
정하연 지음 | 304p | 36,000원

낭만브레드 식빵
이미영 지음 | 224p | 22,000원

어니스트 브레드
윤연중 지음 | 360p | 32,000원

강정이 넘치는 집 한식 디저트
황용택 지음 | 232p | 24,000원

에클레어 바이 가루하루
윤은영 지음 | 280p | 38,000원

타르트 바이 가루하루
윤은영 지음 | 320p | 42,000원

데커레이션 바이 가루하루
윤은영 지음 | 320p | 44,000원

트래블 케이크 바이 가루하루
윤은영 지음 | 368p | 48,000원

플레이팅 디저트
이은지 지음 | 192p | 32,000원

프랑스 향토 과자
김다은 지음 | 360p | 29,000원

레꼴케이쿠 쿠키 북/ 플랑 & 파이 북/ 컵케이크 & 머핀 북
김다은 지음 | 216p, 264p, 248p | 24,000원, 26,000원, 25,000원

슈라즈 롤케이크 & 쇼트케이크
박지현 지음 | 328p | 28,000원

슈라즈 에그 타르트
박지현 지음 | 120p | 26,000원

파티스리: 더 베이직
김동석 지음 | 352p | 42,000원

나만의 디저트 레시피를 구상하는 방법
김동석 지음 | 656p | 59,000원

조이스키친 쇼트케이크
조은이 지음 | 368p | 38,000원

페이스트리 테이블
박성채 지음 | 256p | 32,000원

효창동 우스블랑
김영수 지음 | 176p | 26,000원

식탁 위의 작은 순간들
박준우 지음 | 320p | 38,000원

집에서 운영하는 작은 빵집
김진호 지음 | 296p | 33,000원

젤라또, 소르베또, 그라니따, 콜드 디저트
유시연 지음 | 264p | 38,000원

포카치아
홍상기 지음 | 304p | 42,000원

오늘의 소금빵
부인환 지음 | 136p | 22,000원

테디뵈르하우스 비엔누아즈리 북
김동윤 지음 | 208p | 36,000원

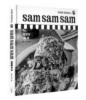

쌤쌤쌤 쿡 북
김훈, 이민직 지음 | 152p | 28,000원